男孩女孩
都OK！

我家寶貝
好有型！

男孩女孩
都OK！

我家寶貝
好有型！

我家寶貝好有型！

作一件
男孩女孩都OK的
手作童裝

codamari

高島まりえ

Prologue

一同隨著季節與成長，
以手工縫製而成的童裝
「codamari」。

徜徉在樹葉間灑落的陽光下，
或在向陽處和煦的白照之中，
彷彿令人不自覺地閉上眼，想要打瞌睡般的，
被一股恬靜的幸福感所包圍的那樣的感覺。
將codamari的衣服拿在手中時，
或是看著孩子穿上衣服的模樣時，
希望圍繞在那樣的幸福氛圍下，
為讀者們介紹迄今為止一直以來精心製作的作品。
也包含了為了讓初學者也能夠輕鬆製作，
進而重新配置的作品。

一邊感受著孩子的成長，
一邊任隨季節天馬行空，
無論是縫製的時光，
或是孩子穿上縫製完成作品時的模樣，
祈願當時的點滴片刻，
都能緊緊牽絆住每一個重要的回憶。

配合季節與成長的變化，
更換不同的素材及織品，
請務必親手製作一件日常便服，或是特別日子穿搭的正裝。

期望各位讀者都能縫製出彩繪著回憶的繽紛作品。

codamari
takashima marie

codamari
Gender neutral looks for kids

since 2013

contents

肩扣式
套頭上衣（長袖）

寬鬆的身形配上細長袖子的輪廓，
無論搭褲子、裙子，或是吊帶褲，
都是百搭造型。這是一件就OK的
出色單品。

作法／P58

錐形褲

將口袋口製作成圓形，形成特色焦
點。簡潔俐落的線條，卻在臀部作
出寬鬆感。特別推薦給身材纖瘦的
孩子穿著。

作法／P62

model：身長94cm／穿著size90

3顆塑膠四合釦並排於肩上，顯得格外可愛。

背扣式吊帶褲

以背扣形成特色焦點的codamari
代表作品。添加了褶襉與鬆緊帶，
使穿脫更為容易，褲型也不易變形
走樣。

作法／P38
上衣：蓋肩袖罩衫（P20）

6

以恰好合身的尺寸來製作的話，會顯得更加可愛。

秋冬季節可以使用燈芯絨或羊毛素材來製作。

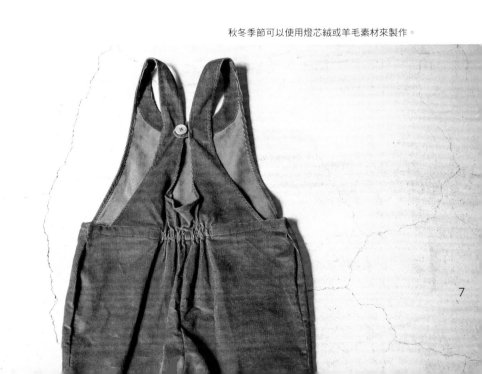

背心

可於季節交替之際，作為體溫調節之用，如果有一件就會相當方便！鈕釦是裝飾釦，所以不需要製作釦眼，以子母釦縫製而成。
作法／P50

打褶褲

添加褶襉，使其呈現出寬鬆版型的褲子。選用穿起來舒適的材質，適合作為日常穿著。
作法／P64
上衣：無領襯衫（P19）

model：身長130cm／穿著size130

肩扣式
套頭上衣（短袖）

因身片較為寬鬆，就算夏天穿
也格外乾爽。領口製作成看不
見內衣的設計，呈現出簡潔俐
落的感覺。

作法／P58

圓圓口袋的短褲

由於不縫脇邊就能製作，因此縫
製時非常輕鬆。屬於簡單的設
計，搭配任何上衣都相當好用的
短褲。

作法／P66

9

圓領襯衫

依照使用的布料，整體風格會完全
改變，因此可以製作出男孩女孩都
適合的單品。
作法／P44

抓褶裙

活用全幅布料去摺疊製作，所以不
需要紙型。大量抽拉的細褶，則形
成特色韻味。
作法／P72

model：身長95cm／穿著size100

model：身長98cm／穿著size100

圓圓口袋的
短褲（不同布料）

只要使用與襯衫相同的布料製
作，組合配成一套的話，就變成
外出服了。因為是短褲，所以選
用了不透光的布料。

作法／P66

皇冠

在慶祝場合中很受歡迎的配件。
可使用與衣服相同的布料製作，
或是以亮片布料製作。配戴起來
的輕盈感也是魅力之一。

作法／P71

蓋肩袖連身裙

以蓋肩袖為焦點的A字連身裙，夏季可用
於單穿的單品。下襬處添加了開叉設計，
更方便活動。

作法／P53

秋冬時只要內搭針織衫或緊身衣，一年四季皆可穿著。
model：身長94cm／穿著size90

抓褶剪接罩衫

大量地抽拉細褶之下，使下襬呈現
出輕盈外擴的設計。使用雅緻色調
的布料，縫製出大人風的韻味。

作法／P78
下半身：錐形褲（P4）

袖口處添加了鬆緊帶，縫製出蓬鬆可愛的感覺。

15

model：身長94cm／穿著size90

工作吊帶褲

在簡潔俐落的版型之中,帶有些許懷舊感的設計。不分男女,不論哪個尺寸的孩子穿著起來都顯得無敵可愛。

作法／P60

肩扣式
套頭上衣
（長袖／不同布料）

單穿不僅看起來顯得時尚，
也可穿著在吊帶褲或短外套
之下，都很有型。因為是寬
鬆的版型，所以穿起來的舒
適度也很出眾。

作法／P58

model：身長98cm／穿著size100

僅僅靠著改變領型，就能製作出各種不同的襯衫

圓領、無領、方領等，雖然給人截然不同的印象，
但實際上，除了領子以外的紙型與作法幾乎都相同。
圓領充滿了可愛的風格、無領呈現出休閒的氛圍、
方領則用於短程外出或是出席正式場合。

※由上往下依序為「圓領襯衫」（P.10）2件、
　「無領襯衫」（P.19）、小領襯衫（P.27）。

無領襯衫

不管有幾件，都是相當方便、簡單、
且易於穿搭的單品。依照搭配的鈕釦
的差異，給人的印象也會完全改變，
因此配置時的組合令人期待。
作法／P44

打褶褲（不同布料）

因為是看得見腳踝的長度，所以方便
活動。常被認為是難以製作的口袋，
也設計成讓大家都能夠簡單縫製。就
算以圖案布來製作也相當出色。
作法／P64

model：身長128cm／穿著size130

蓋肩袖罩衫

蓋肩袖與脇邊開叉形成特色重點的
罩衫。女孩子當然不用說，就連男
孩子穿也相當適合的一款罩衫。
作法／P52

抓褶裙（不同布料）

因為是簡單的形狀，所以不論是以
素面布製作，或是使用花布皆可。
與任何上衣都極為搭配，若身邊有
一件的話，要穿搭時就會很方便。
作法／P72

20

透過將袖子進行斜向裁剪的方式，使袖子顯得寬鬆，看起來更時尚。

雖是基本款的形狀，但寬版的腰帶設計則為重點。

有領連身衣

小孩子穿著連身衣或吊帶褲的
模樣,真的很可愛,超惹人喜
愛!於簡潔俐落的修身版型
上,接縫了小領片。

作法╱P68

model:身長117cm╱穿著size120

短袖連身衣

希望一整年都能享受穿搭的樂趣，所以將P.22的「有領連身衣」改成了短袖及無領款式。正好適合春夏的一件單品。

作法／P68

model：身長122cm／穿著size120

西裝領外套

在春、秋季節交替之際，最能派上
用場的外套。藉由接縫內裡的方
式，使正式感大幅度提升，並於縫
製完成的作品上呈現出差異。

作法／P74
上衣&下半身：短袖連身衣（P.23）

24

model：身長122cm／穿著size120

只要將袖口反摺來穿，立即給人輕鬆的印象。

25

特別日子穿搭的短外套

正式，卻又帶有小孩子天真爛漫的風格。為了不要呈現被迫穿上的感覺，因此作成了柔和的線條，並以無領設計縫製而成。令人會想要挺起胸膛，接縫了內裡的短外套。

作法／P47
上衣：小領襯衫・背心（P27）、
下半身：打褶褲（P27）

裝飾釦的
連身裙

若使用帶有光澤的亞麻布料製作，即可作為出席典禮穿著的特殊單品。因為不需要縫製釦眼，所以初學者也能放心製作。

作法／P55

model：身長117cm／穿著size12

model：身長122cm／穿著size120

小領襯衫

除了特別的日子，就連平日也非常易於穿搭的基本款襯衫。為了方便穿脫，因此使用了塑膠四合釦。

作法／P44

背心（不同布料）

若使用高級的亞麻布料製作，就很適合重大節日穿著。因為想要呈現出正式感，所以縫製成釦眼款式。

作法／P50

打褶褲（不同布料）

將P8、P19「打褶褲」的布料更換，縫製成正式的成套套裝。與平常穿著的褲子相同版型，因此穿起來也會格外舒適，似乎更能開心地度過重大節日。

作法／P64

model：身長117cm／穿著size120

領片（方領・圓領）

為特別日子裡的裝扮上，增添了一股正式的氛圍與華麗感。分別為點綴蕾絲花邊的方領，以及簡單的圓領。

作法／P71

28

於P26的「裝飾釦的連身裙」上接縫領片，好好的裝扮一番。
model：身長122cm／穿著size120

無領襯衫
（不同布料）

只要使用花布製作，即可營造出
更為休閒的印象。若再搭配上特
別日子穿搭的P27褲子，即可打
造出漂亮的造型。

作法／P44
下半身：打褶褲（P27）

model：身長122cm／穿著size120

外觀看似附有鈕釦的連身裙，
竟然不需要縫製釦眼！

裝飾釦的連身裙（不同布料）

想要製作成高雅的設計，因此特別講
究版型線條與抓褶份量。水洗褪色的
風格就連日常穿著也顯得格外時髦。

作法／P55

model：身長130cm／穿著size130

無領外套

因為是簡單的設計，所以若使用
格紋等花布製作，會變得可愛無
比。為了使外套看起來簡潔有
型，雖然進行內裡縫製，但作法
卻很簡單。
作法／P74
上衣：無領襯衫（P19）、下半身：打
褶褲（P19）

使用具有厚度的材質，在不易開釦眼的情況下，亦可不開釦眼，
改成直徑15至17㎜的四合釦來製作。

model：身長128cm／穿著size130

抓褶剪接罩衫 (P.14)

選擇本人最喜歡的顏色。下半身穿著
錐形褲（P.4）size 90。
〈model：身長100cm／穿著size100〉

圓圓口袋的短褲 (P.9、11)

無領襯衫 (P.19、30)

無論是襯衫或褲子，若使用羊毛布製
作，秋冬穿也OK。襯衫只要將長度
改短，即可作為外套使用。
〈model：身長100cm／穿著size100〉

背扣式吊帶褲 (P.6)

圓領襯衫 (P.10)

吊帶褲使用黃芥末色的亞麻布，搭配
玫瑰小碎花圖案布製作的襯衫。
〈model：身長100cm／穿著size100〉

手作的樂趣
在於能夠將想像化作形體

有時可透過更換布料，
或是經由尺寸不同的孩子穿著後，
衣服的印象也隨之改變，
並且發現全新的魅力。
此頁將為讀者們介紹變換花色及素材後，
重新配置的設計。
如果能夠讓手作人的想像化作形體，
從素材挑選開始就能享受箇中樂趣的話，
那就太棒了。

有領連身衣 (P.22)

配置成短袖的設計。將格子花紋棉
布使用在身片及褲子上，僅有領子
選擇素面布製作，形成特色重點。
〈model：身長100cm／穿著size100〉

無領外套 (P.32)

只有小孩才有的獨特可愛布料。只要
以棉布製作，就能作成正好適合春秋
穿搭的單品。穿在裡面的內搭是蓋肩
袖罩衫與抓褶裙（P.20）。
〈model：身長100cm／穿著size100〉

蓋肩袖連身裙 (P.12)

即便以花紋布製作也顯得
相當出色。使用直條紋布
時，只要在袖子的條紋方
向多下功夫，就會給人更
為精緻的印象。下半身則
穿著打褶褲（P.27）。
〈model：身長135cm／
穿著size140〉

工作吊帶褲 (P.16)

無領襯衫 (P.19、30)

由於工作吊帶褲為清爽俐
落的縱長形設計，因此就
算是大孩子穿著也相當有
型。若有一件條紋棉布的
襯衫，會非常方便。
〈model：身長135cm／
穿著size140〉

內含縫份的紙型

當初決定要製作書籍的時候，就思考著想作成內含縫份的原寸紙型。
因為只要事先添加縫份，僅需畫上線條，就能完成紙型，感覺起來作法極為簡單。
在此為讀者們介紹內含縫份的紙型處理技法、紙型的作法、裁剪布片的方法、記號的作法。

Step1　製作紙型

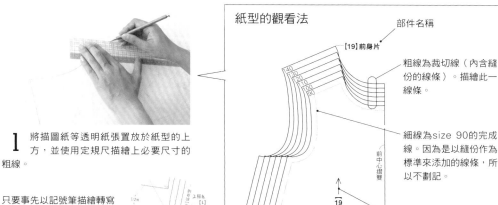

1 將描圖紙等透明紙張置放於紙型的上方，並使用定規尺描繪上必要尺寸的粗線。

只要事先以記號筆描繪轉寫線的邊角部分，必要的線條就很容易追加描繪。消失筆可於劃記之後自動消失，使用上非常便利。

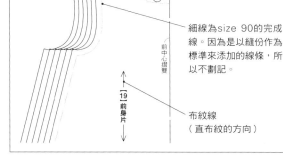

紙型的觀看法

部件名稱

[19] 前身片

粗線為裁切線（內含縫份的線條）。描繪此一線條。

細線為size 90的完成線。因為是以縫份作為標準來添加的線條，所以不劃記。

前中心摺雙

[19] 前身片

布紋線（直布紋的方向）

2 也寫上部件名稱及布紋線、合印記號等記號，沿著線條進行裁剪。

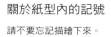

關於紙型內的記號

請不要忘記描繪下來。

摺雙
將布片對摺的摺線部分

合印記號
避免2片布片偏移錯位，用來對齊的記號。

褶襉
用來製作打褶的記號。

細褶
表示抽拉細褶後，縮縫處的記號。

Step2　裁剪布片

1 參照裁布圖，對齊布紋線，將紙型置放於布片上。請以珠針稍微挑針後固定。

2 將布剪靠在紙型的左側操作，由布端沿著紙型進行裁剪。

※慣用左手的人在使用左撇子用剪的時候，則將布剪靠在右側操作。

3 無紙型的部件依照作法頁的裁布圖，直接以記號筆於布片的背面側，使用定規尺畫線，進行裁剪。

※只要事先於紙上畫線來製作紙型，無論多少次，製作時都很方便。

Step3　作記號

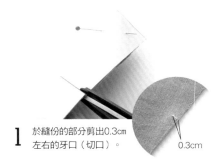

1 於縫份的部分剪出0.3cm左右的牙口（切口）。

0.3cm

2 口袋接縫位置或鈕釦接縫位置，請以手藝用複寫紙與點線器作上記號。

35

Point Lesson

將製作作品時經常出現的技法，以圖片方式進行詳細解說。

將領圍
以斜布條進行
收邊處理①
／包捲

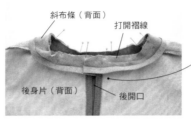

1 將事前準備時摺疊好的斜布條單側的褶線打開，並將身片的背面與斜布條的正面對齊後，以珠針固定一圈。

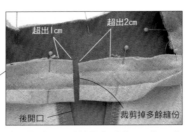

邊端超出1cm（依照作法為2cm），裁剪掉多餘縫份。

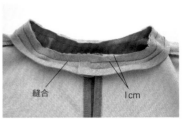

2 以1cm縫份縫合一圈。

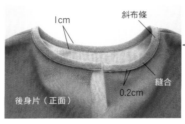

3 將斜布條翻至正面，像是包捲領圍似的進行，並將斜布條對齊步驟2的針趾處，縫合。

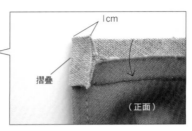

兩端請於摺入1cm之後，再行縫合。

將領圍
以斜布條進行
收邊處理②
／將斜布條
倒向身片的
背面側

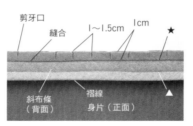

1 雖是依照「將領圍以斜布條進行收邊處理①」步驟1、2的相同作法，進行作業，然而卻是將身片與斜布條正面相對疊合。待縫完之後，再於縫份上以1至1.5cm的間隔剪牙口。

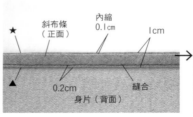

2 於步驟1的縫線位置上，將斜布條翻至正面，依1cm的寬度進行三摺邊，內縮0.1cm（＝縮進身片的背面側）後，以熨斗整燙縫合。

藉由內縮0.1cm來縫合的方式，使正面看不見斜布條，讓作品縫製得更加整齊美觀。透過三摺邊車縫的方式，作出厚度，使領圍厚實堅挺。

※當身片使用厚的布料時，斜布條則請使用薄的布料（或是市售的斜布條）。

鬆緊帶的穿入法
①／穿入一部分

1 將鬆緊帶的邊端插入穿繩通道中，從單側的鬆緊帶穿入口穿入，再於另一側穿出。

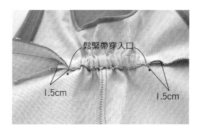

2 使兩側的鬆緊帶邊端盡量靠向鬆緊帶穿入口的1.5cm前方，再以珠針固定。

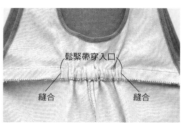

3 將鬆緊帶穿入口的邊緣進行回針縫後，縫合固定。

鬆緊帶的穿入法②／完整穿入一圈

鬆緊帶穿入口

鬆緊帶

1 將鬆緊帶的邊端插入穿繩通道中，從鬆緊帶穿入口穿入。

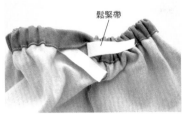

鬆緊帶

2 穿入一圈，注意穿入時避免使鬆緊帶發生歪扭情形，並從另一側的鬆緊帶穿入口穿出。

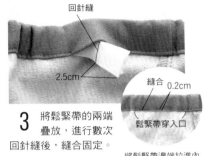

回針縫

2.5cm

縫合 0.2cm

鬆緊帶穿入口

3 將鬆緊帶的兩端疊放，進行數次回針縫後，縫合固定。

將鬆緊帶邊端拉進內部之後，再將鬆緊帶穿入口縫合固定。

圓角口袋的作法

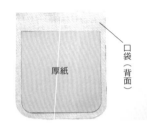

厚紙

口袋（背面）

1 於口袋的背面側，放上裁剪成完成尺寸的厚紙。

摺入1cm

2 沿著厚紙，將周圍摺入1cm，以熨斗整燙。

口袋口

0.2cm

縫合

3 取下厚紙，並將口袋口摺疊之後，縫合。

塑膠四合釦的安裝方法

面釦×2顆　母釦（凹面）　公釦（凸面）

1 於固定的1處使用1組（3種部件）。

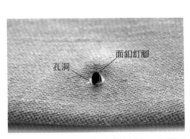

孔洞　面釦釘腳

2 於塑膠四合釦安裝位置，以錐子穿洞，插入面釦的釘腳。

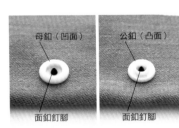

母釦（凹面）　公釦（凸面）

面釦釘腳　面釦釘腳

3 放上母釦（凹面）或公釦（凸面）。

4 將台座更換成合釦的模具，使用手壓鉗或桌上型壓合工具插入，加以鉚接。

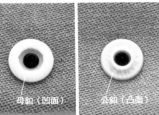

面釦　母釦（凹面）　公釦（凸面）

5 完成。

※當鈕釦難以釘住固定時，請再次牢牢的鉚接。

【材料】　※由左往右為size 90/100/110/120/130/140
・棉布（或是燈芯絨）…寬110cm×120/130/140/160/180/190cm
・直徑2cm的鈕釦…1顆
・寬1.2cm的鬆緊帶…10cm長1條

【原寸紙型】
A面【2】
前身片、後身片、前褲管、後褲管、貼邊

【完成尺寸】　※由左往右為size 90/100/110/120/130/140
腰圍＝83.5/87.5/91.5/95.5/99.5/103.5cm
（穿入鬆緊帶的狀態）
衣長／72.5/80.5/90.5/100.5/110.5/120.5cm
（從前領點至下襬）

【裁布圖】
※由上往下為
　90/100/110/120/130/140
※釦環是直接於布片上
　畫線後，進行裁剪。

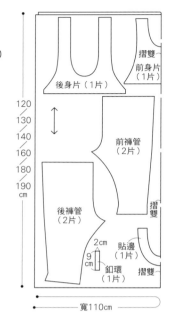

【作法】

① 縫合身片與貼邊。

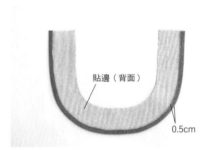

1　將貼邊的布端0.5cm摺往背面。

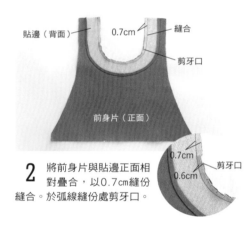

2　將前身片與貼邊正面相對疊合，以0.7cm縫份縫合。於弧線縫份處剪牙口。

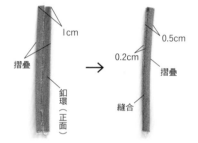

3　將釦環的左右於中心處對齊後摺疊，再次對摺之後縫合。

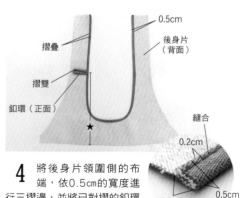

4　將後身片領圍側的布端，依0.5cm的寬度進行三摺邊，並將已對摺的釦環夾入之後縫合。
★＝17/18/19/20/21/22cm
※由左往右為size90/100/110/120/130/140

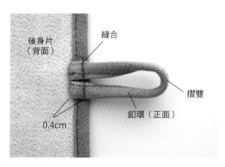

5　將釦環倒向右側，以回針縫縫合固定。

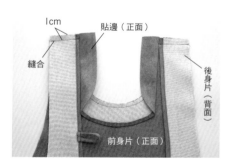

6　將前・後身片正面相對疊合，避開貼邊，以1cm縫份縫合肩線。

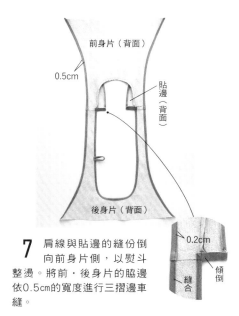

7 肩線與貼邊的縫份倒向前身片側，以熨斗整燙。將前·後身片的脇邊依0.5cm的寬度進行三摺邊車縫。

0.5cm
前身片（背面）
貼邊（背面）
後身片（背面）
0.2cm
傾倒
縫合

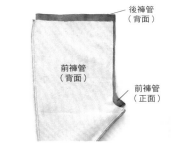

8 將貼邊翻至正面，縫合固定。

縫合
0.2cm
前身片（背面）
後身片（背面）
貼邊（正面）
縫合
0.2cm

② 製作部件。

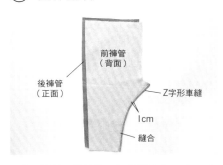

9 將前·後褲管正面相對疊合，以1cm縫份縫合股下。2片縫份一起進行Z字形車縫。縫份倒向後褲管側。

前褲管（背面）
後褲管（正面）
Z字形車縫
1cm
縫合

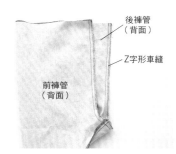

10 以1cm縫份縫合脇邊，2片縫份一起進行Z字形車縫。縫份倒向後褲管側。另一條褲管亦以相同方式製作。

1cm
前褲管（背面）
縫合
後褲管（正面）
Z字形車縫

前褲管（背面）
後褲管（背面）
前褲管（正面）

11 將一條褲管翻至正面。為使兩條的褲管形成正面相對，故於一條褲管之中放入另外一條褲管。

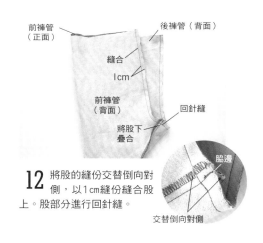

12 將股的縫份交替倒向對側，以1cm縫份縫合股上。股部分進行回針縫。

前褲管（正面）
後褲管（背面）
縫合
1cm
前褲管（背面）
將股下疊合
回針縫
脇邊
交替倒向對側

③ 縫合身片與褲管。

後褲管（背面）
Z字形車縫
前褲管（背面）

13 2片縫份一起進行Z字形車縫，縫份倒向左側。將褲管翻至正面。

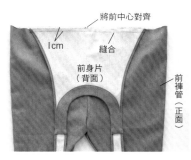

14 將前褲管與前身片正面相對疊合，以1cm縫份縫合。

將前中心對齊
1cm
縫合
前身片（背面）
前褲管（正面）

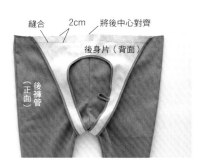

15 將後褲管與後身片正面相對疊合，以2cm縫份縫合。

縫合
2cm
將後中心對齊
後身片（背面）
後褲管（正面）

※後身片通過股下，再與後褲管疊合。

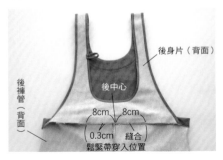

④ 穿入鬆緊帶後，縫製完成。

16 縫合左右脇邊側的布端算起3cm處，縫份倒向前側。

17 於腰圍的縫份處，進行一圈Z字形車縫。

18 將身片翻開，縫份倒向褲管側。縫合後褲管的鬆緊帶穿入位置（16cm）。

※全部尺寸通用。

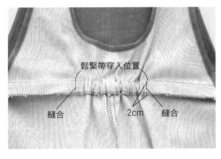

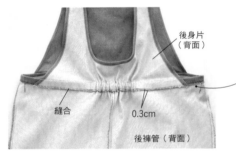

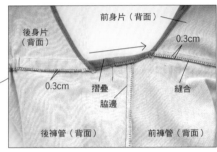

19 將鬆緊帶從鬆緊帶穿入口穿入，進行回針縫後，縫合固定（參照P.36「鬆緊帶的穿入法①」）。

20 將鬆緊帶穿入位置除外的腰圍部分縫合一圈。

由於前片與後片側的腰圍縫份不同，因此脇邊盡量呈現自然的線條摺疊後，縫合。

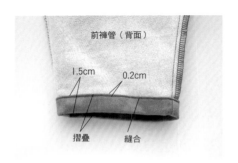

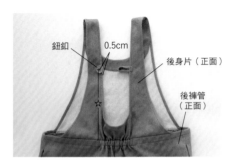

21 將下襬依1.5cm的寬度進行三摺邊車縫。

22 於後身片上接縫鈕釦。

☆＝15/16/17/18/19/20cm
※由左往右為size 90/100/110/120/130/140

完成

HOW TO MAKE

前言

· 本書是將每件作品分別依身高90・100・110・120・130・140的
6種尺寸進行介紹。請以下列的尺寸表及各個作品的完成尺寸為標準
來作選擇。

· 各個作品的裁布圖是以size 100為標準。依照其他尺寸或使用布料
的不同，有時配置上會有所變動，因此在裁剪之前，請務必試著先將
全部的部件於布片上配置一次。

· 材料的鬆緊帶等，標示有40／42／44／46／48／50㎝等數字時，
由左往右分別表示以size 90／100／110／120／130／140為必要
長度（內含縫份）。意指size 90為40㎝、size 100為42㎝之意。以
鬆緊帶的長度為標準。請配合小孩的腰圍進行調整。

· 原寸紙型已含縫份，不需再外加縫份。原寸紙型的細線為size 90的
完成線。粗線則為裁布線，請描繪此線來製作紙型。

· 裙片或袖口布等，有時在直線的部件中並無紙型。在此情況下，請參
照裁布圖直接於布片上畫線後進行裁剪。

尺寸表

· 單位為㎝。
· 尺寸為淨體尺寸。請見下列的尺寸表，選擇相近的尺寸。對尺寸感到
疑惑時，請選擇身形（體型）相近者，並配合孩子來調整衣長、裙
長、褲長。

尺寸	90	100	110	120	130	140
身高	85〜95	95〜105	105〜115	115〜125	125〜135	135〜145
胸圍	50	54	58	62	66	70
腰圍	47	49	51	53	55	57
臀圍	53	57	61	64	68	72

關於完成尺寸

衣長標示從後中心至下襬的
長度，褲長標示總脇邊長
（從脇邊的上端至下襬／除
去腰圍部分）的長度。

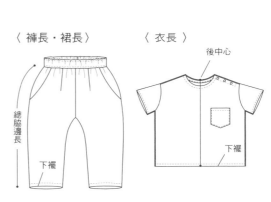

〈 褲長・裙長 〉　　〈 衣長 〉

後中心

總脇邊長

下襬

下襬

製作前必須事先知道的

縫紉基礎技法

準備布料（放置水中浸泡＆整平布紋）

為了避免縫製完成的作品在洗滌時，產生抽縮或歪斜的現象，因此請務必事先於裁布之前，先行放置水中浸泡讓布料抽縮。然而，一經下水就會完全改變手感的布料則請避免置水浸泡。另外，化纖布料不需要經過浸泡的程序。

※羊毛布的情況
不需過水，以噴霧器噴灑水霧後，沾濕整個布面，為了防止水分的蒸發，放入塑膠袋內。靜置一晚之後，再由背面以熨斗整平布紋。

◎ 置水浸泡・整平布紋的方法

1
布幅部分抽出1條緯線，並沿著抽線後留下的紋路，進行裁剪。為使邊角盡量形成直角，以雙手拉平布片，修正歪斜加以整平。

2
浸泡水中大約1個小時，並以洗衣機輕輕脫水之後，整理布紋，進行陰乾直到半乾的程度。

3
為使縱橫的布紋形成直角進行整理之後，沿著布紋，由布片的背面，以熨斗整燙。

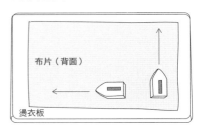

布片（背面）

燙衣板

紙型的作法、裁剪布片的方法、記號的作法請見P35

黏貼黏著襯

裁布圖中如有黏貼黏著襯的指示，意即在布片的背面側黏貼上黏著襯。黏著襯雖有各種不同的款式，但建議針織布除外的布片使用平織型黏著襯，針織布則使用針織型黏著襯。

◎ 黏著襯的黏貼方法
於已進行粗裁的布片上黏貼黏著襯之後，沿著紙型進行裁剪。

point
將黏著襯的背膠面置於布片的背面，鋪上墊布，以熨斗由布邊開始燙壓，均衡地施力燙貼。慢慢地移動熨斗以避免黏貼不完全，待黏貼完之後，請直接靜置至冷卻為止。

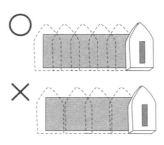

領圍收邊用斜布條的裁剪方法

面對布紋呈45°描繪線條，與此線條平行畫線後，進行裁剪。

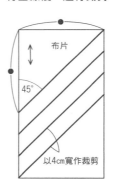

布片

45°

以4cm寬作裁剪

準備針與線

請搭配布料挑選適合的車縫針與車縫線。

布料種類	車縫針	車縫線
薄型布料（棉麻布、巴里紗布）	7、9號	90號
一般布料（亞麻布、薄型羊毛布等）	9、11號	60號
厚型布料（彈性丹寧布、厚型羊毛布等）	11、14號	60號至30號

以縫紉機車縫

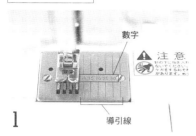

1

使用附在縫紉機針板上的縫份引導線記號來車縫。數字表示落針位置算起的距離（＝縫份的寬幅）。

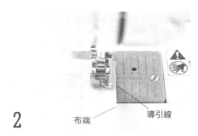

2

參照作法內的縫份寬度，選擇縫份導引線，將導引線與布端對齊後進行車縫。

◎ 使用無縫份導引線的縫紉機時

從落針位置算起垂直地取縫份，並於縫紉機台上黏貼紙膠帶，將紙膠帶的邊端與布端對齊後進行車縫。

褶襉的摺疊方法

從脇線的高處倒向低處，將所有○與★的線條疊合後，製作摺縫。

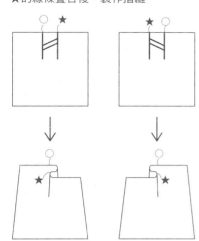

子母釦（暗釦）的基本接縫方法

1

製作始縫結，於布面上挑一針，將縫線穿入鈕釦孔。

2

依照步驟1、2的順序挑針布片，再行入針、出針，並將縫針穿過形成的線圈之中。

3

依照步驟2的相同作法，於全部的鈕釦孔中進行縫合後，再於鈕釦孔的邊緣作止縫結。

4

穿過子母釦的下方，剪線。

∏字縫

將2片布的褶線對接後，再將布邊之間有如∏字形渡線般，以等間隔挑縫褶山。

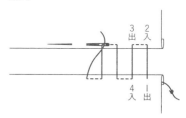

藏針縫

斜向入針後，僅稍微挑針對側的布片（避免縫到正面影響美觀），並且挑針內側的布片後，再出針。

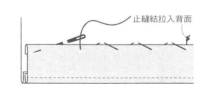

P27　小領襯衫

P10　圓領襯衫

P19, 30　無領襯衫

【 材料 】　※由左往右為size 90/100/110/120/130/140
〈小領襯衫〉
・棉布…寬110cm×120/130/140/150/160/170cm
・黏著襯…20×40cm
・直徑0.9cm的塑膠四合釦（SUN15-60）…5組

〈圓領襯衫〉
・棉布…寬108cm×100/110/120/130/150/160cm
・黏著襯…20×40cm
・直徑0.8cm的子母釦（SUN-10-02）…5組

〈無領襯衫〉
・亞麻布…寬110cm×120/130/140/150/160/170cm
・直徑1.1cm的鈕釦…5顆

【 原寸紙型 】
B面【5】【6】【7】
前身片、後身片、袖子、剪接、領子
※〈無領襯衫〉不需領子

【 完成尺寸 】　※由左往右為size 90/100/110/120/130/140
胸圍＝73/76/80/84/89/93cm
衣長＝40/44/49/52/57/61cm（不含領子部分）

【裁布圖】
※由上往下或由左往右為size 90/100/110/120/130/140
※〈小領襯衫〉的袖口布、〈無領襯衫〉的領圍收邊用斜布條是直接於布片上畫
　線後進行裁剪。
※於1片領子上黏貼黏著襯。於布片上黏貼黏著襯之後進行裁剪（參照P.71）。
※▨為黏著襯。

〈小領襯衫〉

摺雙
袖子（2片）
前身片（1片）
120/130/140/150/160/170cm
摺雙
後身片（1片）
前身片（1片）
剪接（2片）
袖口布(1片)
袖口布(1片)　6cm　★
領子（2片）
110cm寬
★＝19.3/20.3/21.3/22.3/23.3/24.3cm

〈圓領襯衫〉
領子（2片）
摺雙
剪接（1片）
袖子（2片）
100/110/120/130/150/160cm
後中心摺雙
剪接（1片）
後身片（1片）
前身片（2片）
摺雙
108cm寬

〈無領襯衫〉
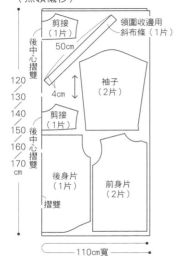
剪接（1片）
領圍收邊用斜布條（1片）
50cm
後中心摺雙
4cm
袖子（2片）
剪接（1片）
120/130/140/150/160/170cm
後中心摺雙
後身片（1片）
前身片（2片）
摺雙
110cm寬

【縫製順序】　〈小領襯衫〉

1. 參照裁布圖，裁剪布片，進行前置作業

4. 將前身片包夾於表・裡剪接之間縫合。

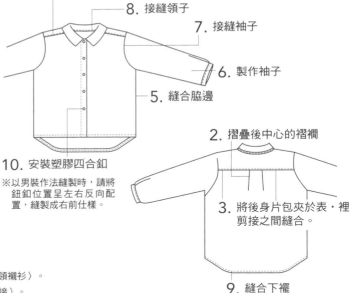

8. 接縫領子

7. 接縫袖子

6. 製作袖子

5. 縫合脇邊

10. 安裝塑膠四合釦
※以男裝作法縫製時，請將
　鈕釦位置呈左右反向配
　置，縫製成右前仕樣。

2. 摺疊後中心的褶襉

3. 將後身片包夾於表・裡剪接之間縫合。

9. 縫合下襬

【前置作業】　※單位為cm。
・摺疊前身片的前襟。
・摺疊袖口布的其中1邊〈小領襯衫〉。
・摺疊1片剪接的肩線（表剪接）。
・將袖口進行三摺邊〈圓領襯衫〉、〈無領襯衫〉。
・摺疊領圍收邊用斜布條〈無領襯衫〉。

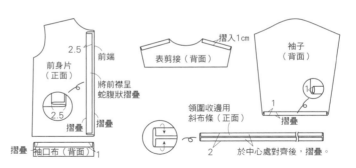

2.5
前端
前身片（正面）
將前襟呈蛇腹狀摺疊
2.5
摺疊
摺疊
摺疊
袖口布（背面）

摺入1cm
表剪接（背面）

袖子（背面）
1
1
摺疊
領圍收邊用斜布條（正面）
2
於中心處對齊後，摺疊。

44

8. 接縫領子（參照P46-作法8.）

7.

6. 製作袖子（參照P46-作法6.）

4.

5.

10. 於內側接縫子母釦（參照P46-作法10.）

2.

3.

9.

※順序1.至5.7.9.與P44的
　〈小領襯衫〉相同。
※以男裝作法縫製時，請將鈕釦
　位置呈左右反向配置，縫製
　成右前仕樣。

8. 將領圍進行收邊處理（參照P46-作法8.）

4.

7.

6. 製作袖子（參照P46-作法6.）

10. 製作釦眼，
　　接縫鈕釦
　（參照P46-作法10.）

5.

2.

3.

9.

※順序1.至5.7.9.與P44的
　〈小領襯衫〉相同。
※以男裝作法縫製時，請將鈕釦
　位置呈左右反向配置，縫製
　成右前仕樣。

【作法】　※單位為cm。　※基礎為〈小領襯衫〉。

2. 摺疊後中心的褶襉

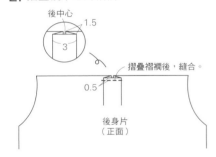

後中心
1.5
3
摺疊褶襉後，縫合。
0.5
後身片（正面）

3. 將後身片包夾於表・裡剪接之間縫合。

裡剪接（背面）

①將表・裡剪接正面相對疊合，包夾後身片，
　以1cm縫份縫合。

裡剪接（正面）
表剪接（正面）
表剪接（背面）
後身片（正面）
0.3
後身片（正面）
1

②將剪接翻至正面，以熨斗整燙後，縫合。

4. 將前身片包夾於表・裡剪接之間縫合

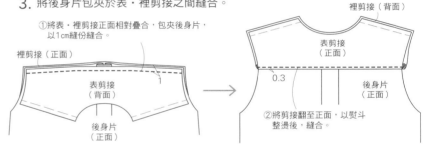

裡剪接（正面）
表剪接事先避開
表剪接（背面）
後身片（背面）
1
前身片（正面）
後身片（正面）
表剪接（正面）
摺入1cm

①將前身片的背面與裡剪接的
　正面對齊後，以1cm縫份縫
　合肩線，縫份倒向剪接側。

②將表剪接疊放
　後，縫合。
0.2
裡剪接（背面）
前身片（正面）

5. 縫合脇邊

表剪接（正面）　裡剪接（正面）

前身片（背面）

①將前・後身片正面相
　對疊合後，以1cm縫
　份縫合脇邊。

②2片縫份一起進行
　Z字形車縫，縫份
　倒向後片側。

1
後身片（正面）

6. 製作袖子

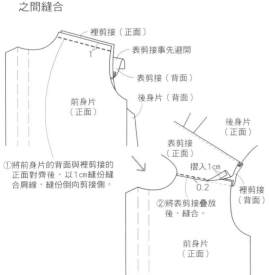
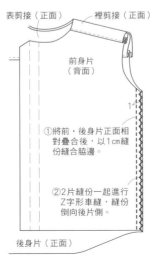
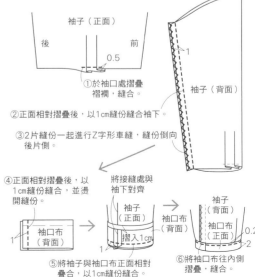

袖子（正面）
後　　　前
0.5
袖子（背面）
1

①於袖口處摺疊
　褶襉，縫合。

②正面相對摺疊後，以1cm縫份縫合袖下。

③2片縫份一起進行Z字形車縫，縫份倒向
　後片側。

④正面相對摺疊後，以
　1cm縫份縫合，並燙
　開縫份。

將接縫處與
袖下對齊
袖子（正面）
袖口布（背面）
摺入1cm
袖口布（背面）
1
袖子（背面）
袖口布（正面）
0.2
2

⑤將袖子與袖口布正面相
　對疊合，以1cm縫份縫合。

⑥將袖口布往內側
　摺疊，縫合。

袖口布（背面）
1

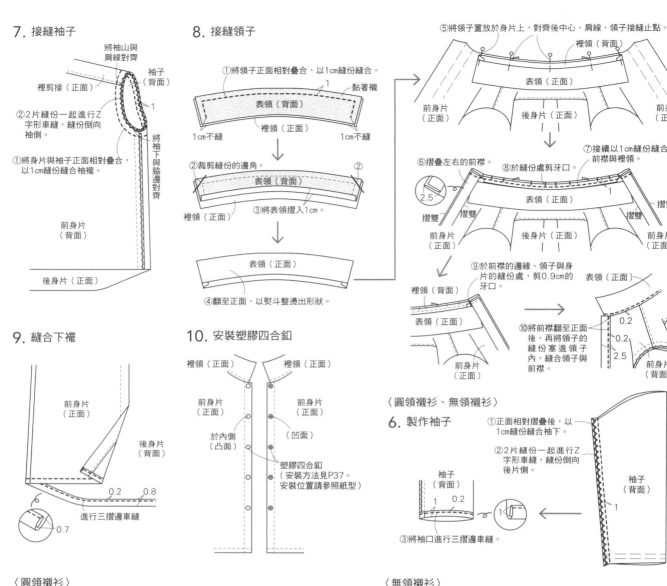

7. 接縫袖子

將袖山與肩線對齊

裡剪接（正面）

袖子（背面）

②2片縫份一起進行Z字形車縫，縫份倒向袖側。

①將身片與袖子正面相對疊合，以1cm縫份縫合袖襱。

將袖下與脇邊對齊

前身片（背面）

後身片（正面）

8. 接縫領子

①將領子正面相對疊合，以1cm縫份縫合。

表領（背面）

黏著襯

裡領（正面）

1cm不縫　　1cm不縫

②裁剪縫份的邊角。

表領（背面）

②

裡領（正面）

③將表領摺入1cm。

表領（正面）

④翻至正面，以熨斗整燙出形狀。

⑤將領子置於身片上，對齊後中心、肩線、領子接縫止點。

裡領（背面）

表領（正面）

前身片（正面）　後身片（正面）　前身片（正面）

⑥摺疊左右的前襟。

⑦接續以1cm縫份縫合前襟與裡領。

⑧於縫份處剪牙口。

2.5　摺雙　摺雙

表領（正面）

1

摺雙　摺雙

前身片（正面）　後身片（正面）　前身片（正面）

⑨於前襟的邊緣、領子與身片的縫處，剪0.9cm的牙口。

裡領（背面）

表領（正面）

前身片（正面）

表領（正面）

⑩將前襟翻至正面後，再將領子的縫份塞進領子內，縫合領子與前襟。

0.2
0.2
2.5

前身片（背面）

9. 縫合下襬

前身片（正面）

後身片（背面）

0.2　0.8

進行三摺邊車縫

0.7

10. 安裝塑膠四合釦

裡領（正面）　　裡領（正面）

前身片（正面）　　前身片（正面）

（凹面）

於內側（凸面）

塑膠四合釦（安裝方法見P37。安裝位置請參照紙型）

〈圓領襯衫、無領襯衫〉

6. 製作袖子

①正面相對疊合後，以1cm縫份縫合袖下。

②2片縫份一起進行Z字形車縫，縫份倒向後片側。

袖子（背面）

1　0.2

1

袖子（背面）

1

③將袖口進行三摺邊車縫。

〈圓領襯衫〉

8. 接縫領子

①將領子正面相對疊合後，以1cm縫份縫合。

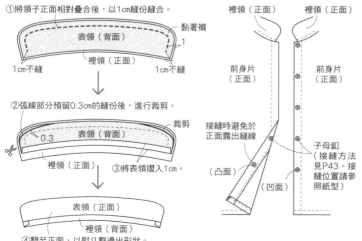

黏著襯

表領（背面）

1

裡領（正面）

1cm不縫　　1cm不縫

②弧線部分預留0.3cm的縫份後，進行裁剪。

裁剪

0.3　表領（背面）

裡領（正面）

③將表領摺入1cm。

表領（正面）

裡領（背面）

④翻至正面，以熨斗整燙出形狀。
依照〈小領襯衫〉作法8.-⑤至⑩的相同方式製作。

10. 於內側接縫子母釦

裡領（正面）　　裡領（正面）

前身片（正面）　　前身片（正面）

接縫時避免於正面露出縫線

（凸面）

（凹面）

子母釦（接縫方法見P43。接縫位置請參照紙型）

〈無領襯衫〉

8. 將領圍進行收邊處理

①摺疊前襟，將身片與斜布條正面相對疊合後，以1cm縫份縫合領圍，並於縫份處剪牙口（請參照P36「將領圍以斜布條進行收邊處理②」）。

1　1cm不縫　斜布條（正面）

領圍收邊用斜布條（背面）

裁剪掉多餘的縫份

0.2

前身片（背面）

摺疊

2.5　0.2

2.5　③縫合

②將斜布條翻至身片的背面側，並將前襟翻至正面後，縫合領圍與前襟。

10. 製作釦眼，接縫鈕釦

對齊鈕釦，開釦眼。

1.5　　　　1.5

★

0.5　　　　1.25

前身片（正面）

前身片（正面）

釦眼　　　　鈕釦

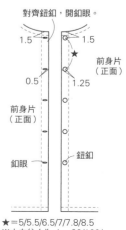

★＝5/5.5/6.5/7/7.8/8.5
※由左往右為size 90/100/110/120/130/140

P26　特別日子穿搭的短外套

【 材料 】　※由左往右為size 90/100/110/120/130/140
・表布：亞麻布…寬110cm×100/100/110/120/150/160cm
・裡布：電光緞面布…寬110cm×90/90/100/110/150/160cm
・直徑1.5cm的鈕釦…2顆

【 原寸紙型 】
C面【12】
前身片、後身片、脇邊布、外袖、內袖、
前貼邊、後貼邊、口袋

【 完成尺寸 】　※由左往右為size 90/100/110/120/130/140
胸圍＝69/73/77/81/85/89cm
衣長＝34/37/40/44.5/49/54cm

【 裁布圖 】
※由上往下或由左往右為size 90/100/110/120/130/140

表布（亞麻布）

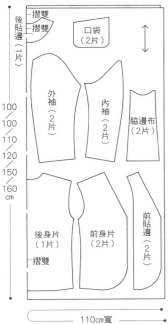

後貼邊（1片）　摺雙　摺雙　口袋（2片）　外袖（2片）　內袖（2片）　脇邊布（2片）
100/100/110/120/150/160cm
後身片（1片）　前身片（2片）　前貼邊（2片）　摺雙
├── 110cm寬 ──┤

裡布（電光緞面布）

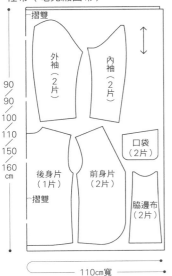

摺雙　外袖（2片）　內袖（2片）
90/90/100/110/150/160cm
後身片（1片）　前身片（2片）　口袋（2片）　摺雙　脇邊布（2片）
├── 110cm寬 ──┤

【 縫製順序 】

1. 參照裁布圖，裁剪布片，進行前置作業。

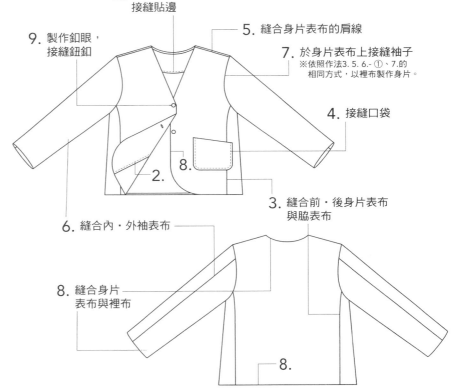

2. 於前・後身片裡布上，接縫貼邊

5. 縫合身片表布的肩線

9. 製作釦眼，接縫鈕釦

7. 於身片表布上接縫袖子
※依照作法3. 5. 6.-①、7.的相同方式，以裡布製作身片。

4. 接縫口袋

8.

2.

6. 縫合內・外袖表布

3. 縫合前・後身片表布與脇表布

8. 縫合身片表布與裡布

8.

【 前置作業 】　※單位為cm。
・摺疊前・後貼邊的布端。

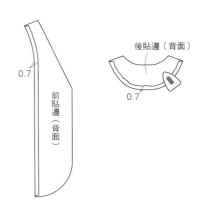

0.7　前貼邊（背面）

後貼邊（背面）　0.7

【作法】 ※單位為cm。

2. 於前・後身片裡布上，接縫貼邊

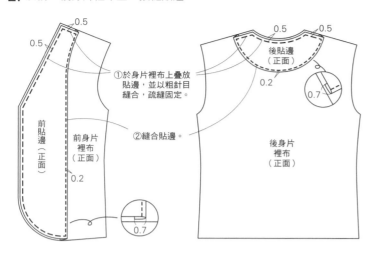

0.5
0.5
0.5
0.5
0.2
0.7

前貼邊（正面）
前身片裡布（正面）
0.2
0.7

後貼邊（正面）
後身片裡布（正面）

①於身片裡布上疊放貼邊，並以粗針目縫合，疏縫固定。

②縫合貼邊。

3. 縫合前・後身片表布與脇表布

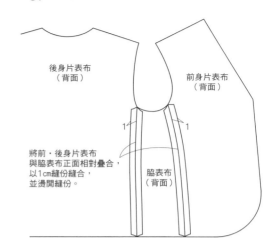

後身片表布（背面）
前身片表布（背面）

1
1

將前・後身片表布與脇表布正面相對疊合，以1cm縫份縫合，並燙開縫份。

脇表布（背面）

4. 接縫口袋

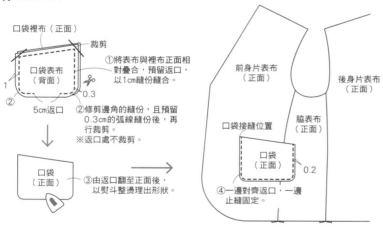

口袋裡布（正面）
裁剪
口袋表布（背面）
1
②
0.3
5cm返口

①將表布與裡布正面相對疊合，預留返口，以1cm縫份縫合。

②修剪邊角的縫份，且預留0.3cm的弧線縫份後，再行裁剪。
※返口處不裁剪。

口袋（正面）

③由返口翻至正面後，以熨斗整燙理出形狀。

前身片表布（正面）
後身片表布（正面）

口袋接縫位置
脇表布（正面）

口袋（正面）
0.2

④一邊對齊返口，一邊止縫固定。

5. 縫合身片表布的肩線

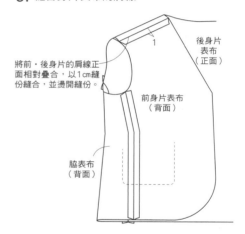

1
後身片表布（正面）
前身片表布（背面）

將前・後身片的肩線正面相對疊合，以1cm縫份縫合，並燙開縫份。

脇表布（背面）

6. 縫合內・外袖表布

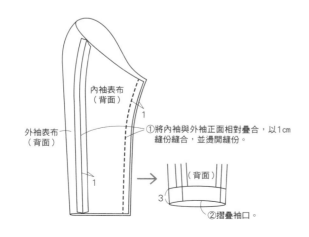

內袖表布（背面）
1
外袖表布（背面）
1

①將內袖與外袖正面相對疊合，以1cm縫份縫合，並燙開縫份。

（背面）
3

②摺疊袖口。

7. 於身片表布上接縫袖子

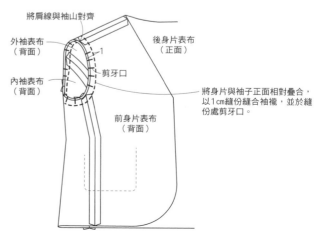

將肩線與袖山對齊
外袖表布（背面）
1
內袖表布（背面）
剪牙口
後身片表布（正面）
前身片表布（背面）

將身片與袖子正面相對疊合，以1cm縫份縫合袖襱，並於縫份處剪牙口。

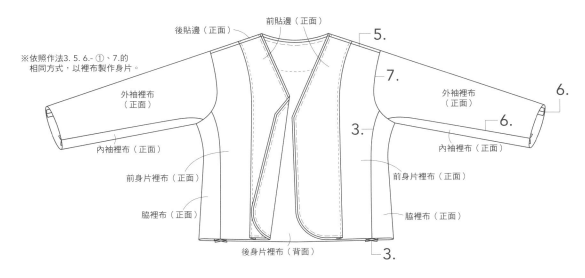

※依照作法3. 5. 6.-①、7.的
　相同方式，以裡布製作身片。

後貼邊（正面）　前貼邊（正面）

外袖裡布（正面）

內袖裡布（正面）

前身片裡布（正面）

脇裡布（正面）

後身片裡布（背面）

5.
7.
6.
6.
3.

外袖裡布（正面）

內袖裡布（正面）

前身片裡布（正面）

脇裡布（正面）

8. 縫合身片表布與裡布

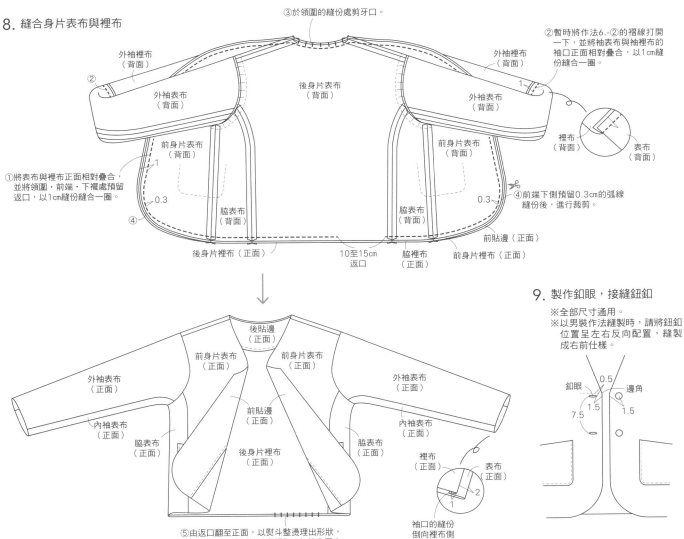

③於領圍的縫份處剪牙口。

②暫時將作法6.-②的褶線打開
　一下，並將袖表布與袖裡布的
　袖口正面相對疊合，以1cm縫
　份縫合一圈。

外袖裡布（背面）

外袖表布（背面）

後身片表布（背面）

外袖裡布（背面）

外袖表布（背面）

裡布（背面）　　表布（背面）

①將表布與裡布正面相對疊合，
　並將領圍・前端・下襬處預留
　返口，以1cm縫份縫合一圈。

前身片表布（背面）

脇表布（背面）

後身片裡布（正面）

10至15cm
返口

脇裡布（正面）

前身片表布（背面）

脇表布（背面）

④前端下側預留0.3cm的弧線
　縫合後，進行裁剪。

前貼邊（正面）

前身片裡布（正面）

1
0.3
④

1
0.3

9. 製作釦眼，接縫鈕釦

※全部尺寸通用。
※以男裝作法縫製時，請將鈕釦
　位置呈左右反向配置，縫製
　成右前仕樣。

後貼邊（正面）

前身片表布（正面）　前身片表布（正面）

外袖表布（正面）

內袖表布（正面）

脇表布（正面）

前貼邊（正面）

後身片裡布（正面）

外袖表布（正面）

內袖表布（正面）

脇表布（正面）

裡布（正面）　表布（正面）

1
2

袖口的縫份
倒向裡布側

⑤由返口翻至正面，以熨斗整燙理出形狀，
　將返口以ㄇ字形縫（參照P43）縫合固定。

釦眼　0.5　邊角
1.5　1.5
7.5

49

P8, 27　背心

【 材料 】　※由左往右為size 90/100/110/120/130/140
〈P8、27通用〉
・表布/羊毛混亞麻布（P8）、亞麻布（P27）
　…寬110cm×40/50/50/60/60/60cm
・裡布/電光緞面布（P8）、亞麻布（P27）
　…寬110cm×40/50/50/60/60/60cm
〈P8〉
・直徑1.1cm的鈕釦…5顆
・直徑0.8cm的子母釦（SUN10-02）…3組
〈P27〉
・直徑0.9cm的鈕釦…3顆

【 原寸紙型 】
C面【11】
前身片、後身片

【 完成尺寸 】　※由左往右為size 90/100/110/120/130/140
胸圍＝69/72/76/80/83/86cm
衣長＝29/32/35/39/42/46cm

【裁布圖】

※由上往下或由左往右為size 90/100/110/120/130/140

表布

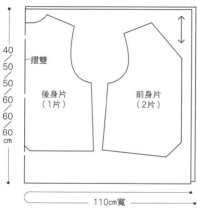

裡布

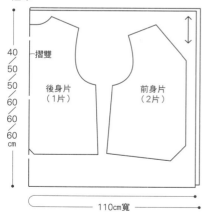

【縫製順序】　※基礎請見P8解說。

1. 參照裁布圖，裁剪布片

4. 縫合肩線

3. 縫合表布、裡布

5. 接縫鈕釦・子母釦
（P27為製作釦眼，
接縫鈕釦。）

2. 分別各自縫合
表布、裡布的
脇邊

【作法】　※單位為cm。　※基礎請見P8

2. 分別各自縫合表布、
裡布的脇邊

①將表布的前・後身片正面
相對疊合，以1cm縫份縫
合脇邊。

②以熨斗燙開縫份。

※裡布作法亦同。

50

3. 縫合表布、裡布

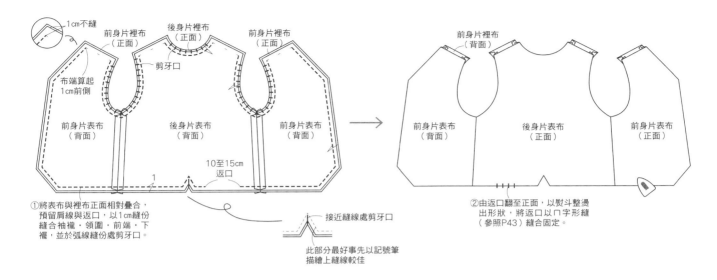

1cm不縫

前身片裡布
（正面）

後身片裡布
（正面）

前身片裡布
（正面）

布端算起
1cm前側

剪牙口

前身片表布
（背面）

後身片表布
（背面）

前身片表布
（背面）

10至15cm
返口

1

①將表布與裡布正面相對疊合，
　預留肩線與返口，以1cm縫份
　縫合袖襱・領圍・前端・下
　襱，並於弧線縫份處剪牙口。

接近縫線處剪牙口

此部分最好事先以記號筆
描繪上縫線較佳

前身片裡布
（背面）

前身片表布
（背面）

後身片表布
（正面）

前身片表布
（正面）

②由返口翻至正面，以熨斗整燙
　出形狀，將返口以冂字形縫
　（參照P43）縫合固定。

4. 縫合肩線

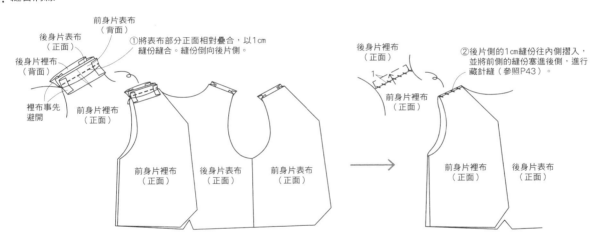

後身片表布
（正面）

前身片表布
（背面）

後身片裡布
（背面）

①將表布部分正面相對疊合，以1cm
　縫份縫合。縫份倒向後片側。

裡布事先
避開

前身片裡布
（正面）

前身片裡布
（正面）

後身片表布
（正面）

前身片表布
（正面）

後身片裡布
（正面）

1

②後片側的1cm縫份往內側摺入，
　並將前側的縫份塞進後側，進行
　藏針縫（參照P43）。

前身片裡布
（正面）

前身片裡布
（正面）

後身片表布
（正面）

5. 接縫鈕釦・子母釦

※以男裝作法縫製時，請將鈕釦位置呈
　左右反向配置，縫製成右前仕樣。

（P27為製作釦眼，接縫鈕釦）

前身片表布
（正面）

2

於上下鈕釦
的接縫
中間接縫

1

前身片表布
（正面）

於外側接縫鈕釦
（接縫位置參照紙型）

前身片
表布
（正面）

凸面

凹面

前身片表布
（正面）

前身片表布
（正面）

於內側接縫子母釦
（接縫方法見P43。接縫位置請參照紙型）

1

前身片
表布
（正面）

前身片
表布
（正面）

釦眼（接縫位置
參照紙型）

鈕釦

P20　蓋肩袖罩衫

【 材料 】　※由左往右為size 90/100/110/120/130/140
・亞麻布（COMFY LINEN KOF-18 OW）
　…寬110cm×90/100/100/110/110/120cm
・直徑0.6cm的子母釦（SUN10-02）…1組

【 原寸紙型 】
D面【19】
前身片、後身片、袖子

【 完成尺寸 】　※由左往右為size 90/100/110/120/130/140
胸圍＝72/76/80/84/88/92cm
衣長＝38.5/42/44.5/47.5/51.5/55.5cm

【 裁布圖 】
※由上往下為size 90/100/110/120/130/140
※領圍收邊用斜布條是直接於布片上畫線後進行裁剪。

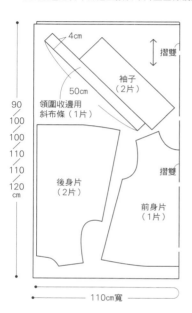

【 縫製順序 】

1. 參照裁布圖，裁剪布片，進行前置作業

2. 縫合肩線
9. 將領圍進行收邊處理
8. 接縫袖子
3. 縫合脇邊
5. 摺疊後開口後，縫合
10. 接縫子母釦
6. 摺疊開叉後，縫合
7. 縫合下襬
4. 縫合後中心

※【 作法 】參照P53、54的〈蓋肩袖連身裙〉。

【 前置作業 】　※單位為cm。
・於身片的脇邊・後中心處進行Z字形車縫。
・摺疊袖子的其中1邊。
・摺疊領圍收邊用斜布條。

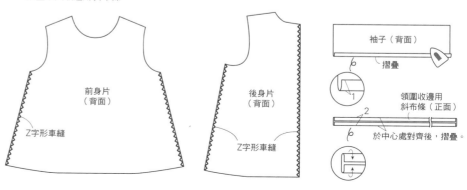

前身片（背面）
Z字形車縫

後身片（背面）
Z字形車縫

袖子（背面）
摺疊

領圍收邊用斜布條（正面）
於中心處對齊後，摺疊。

P12　蓋肩袖連身裙

【 材料 】　※由左往右為size 90/100/110/120/130/140
・亞麻布…寬110cm×100/110/130/150/160/190cm
・直徑0.6cm的子母釦（SUN10-02）…1組

【 原寸紙型 】
D面【20】
前身片、後身片、袖子

【 完成尺寸 】　※由左往右為size 90/100/110/120/130/140
胸圍＝72/76/80/84/88/92cm
衣長＝49/53.5/59.5/67/73/83cm

【裁布圖】
※由上往下為size 90/100/110/120/130/140
※領圍收邊用斜布條是直接於布片上畫線後進行裁剪。

表布（亞麻布）

領圍收邊用
斜布條（1片）

50cm

袖子
（2片）

摺雙

4
cm

100
110
130
150
160
190
cm

後身片
（2片）

前身片
（1片）

摺雙

110cm寬

【縫製順序】

1. 參照裁布圖，裁剪布片，進行前置作業

2. 縫合肩線

9. 將領圍進行
收邊處理

5. 摺疊後開口後，
縫合

10. 接縫子母釦

8. 接縫袖子

3. 縫合脇邊

4. 縫合後中心

6. 摺疊開叉後，縫合。

7. 縫合下襬

※前置作業參照P52的〈蓋肩袖罩衫〉。

【作法】　※單位為cm。

2. 縫合肩線　　3. 縫合脇邊

①將前・後身片正面相對疊合，
以1cm縫份縫合肩線。

1

前身片
（背面）

②2片縫份一起進行Z字形
車縫，縫份倒向後片側。

後身片
（正面）

後身片
（正面）

前身片
（背面）

前身片
（正面）

疊合邊端

③將前・後身片正面相對疊合
後，再將脇邊以1cm縫份縫合
至開口止點，並燙開縫份。

1

開口止點

53

4. 縫合後中心

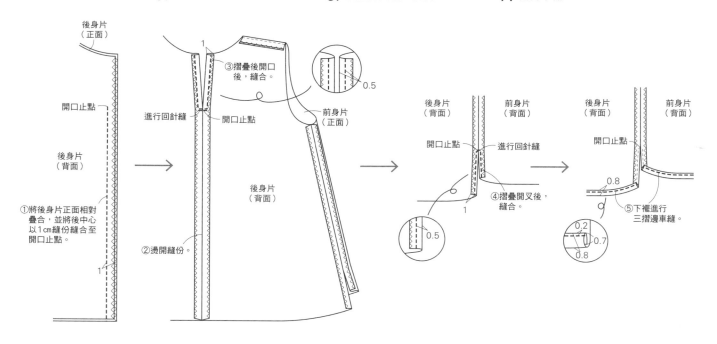

後身片（正面）

開口止點

後身片（背面）

①將後身片正面相對疊合，並將後中心以1cm縫份縫合至開口止點。

1

5. 摺疊後開口後，縫合

1

③摺疊後開口後，縫合。

進行回針縫

開口止點

前身片（正面）

後身片（背面）

②燙開縫份。

0.5

6. 摺疊開叉後，縫合

後身片（背面）　前身片（背面）

開口止點　進行回針縫

④摺疊開叉後，縫合。

1

0.5

7. 縫合下襬

後身片（背面）　前身片（背面）

開口止點

0.8

⑤下襬進行三摺邊車縫。

0.2
0.7
0.8

8. 接縫袖子

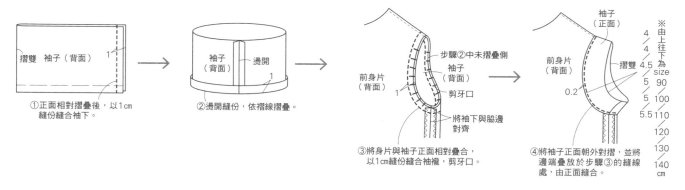

摺雙　袖子（背面）

1

①正面相對摺疊後，以1cm縫份縫合袖下。

袖子（背面）　燙開

1

②燙開縫份，依褶線摺疊。

步驟②中未摺疊側

袖子（背面）

剪牙口

前身片（背面）

1

將袖下與脇邊對齊

③將身片與袖子正面相對疊合，以1cm縫份縫合袖襱，剪牙口。

袖子（正面）

前身片（背面）

摺雙

0.2

④將袖子正面朝外對摺，並將邊端疊放於步驟③的縫線處，由正面縫合。

※由上往下為size

4	
4	
4.5	90
5	100
5	
5.5	110
	120
	130
	140
	cm

9. 將領圍進行收邊處理

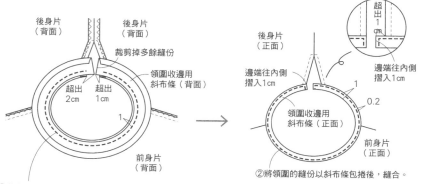

後身片（背面）　後身片（背面）

裁剪掉多餘縫份

領圍收邊用斜布條（背面）

超出2cm　超出1cm

1

前身片（背面）

①將身片的背面與斜布條的正面對疊，以1cm縫份縫合領圍（請參照P36「將領圍以斜布條進行收邊處理①」）。

超出1
CTR

後身片（正面）

邊端往內側摺入1cm

邊端往內側摺入1cm

0.2

領圍收邊用斜布條（正面）

前身片（正面）

②將領圍的縫份以斜布條包捲後，縫合。

10. 接縫子母釦

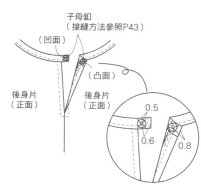

子母釦（接縫方法參照P43）

（凹面）

（凸面）

後身片（正面）　後身片（正面）

0.5
0.6
0.8

54

P26, 31　裝飾鈕的連身裙

【 原寸紙型 】
B面【8】
前身片、後身片、裙片、袖子

【 材料 】
〈長袖〉
・亞麻布…
　（由左往右為size 90、100cm）寬110cm×200/220cm、
　（由左往右為size 110/120/130/140cm）
　寬140cm×220/240/270/300cm
・直徑1.5cm的鈕釦（P31）、直徑1cm相同布料的包釦（P26）…6顆
・直徑0.8cm的子母釦（SUN10-02）…2組

【 完成尺寸 】　※由左往右為size 90/100/110/120/130/140
胸圍＝79.5/82.5/86.5/90.5/94.5/98.5cm
衣長＝48.5/53.5/61/68.5/77.5/87.5cm

【 裁布圖 】
※由上往下為size 90/100/110/120/130/140
※袖口布、領圍收邊用斜布條是直接於布片上
　畫線後進行裁剪。

★＝19/20/21/22/23/24cm

前身片（2片）
摺雙
袖口布（2片）
4cm
後身片（1片）
摺雙
袖子（2片）
裙片（1片）摺雙
200
220
220
240
270
300
cm
裙片（1片）摺雙
領圍收邊用斜布條（1片）
4cm
50cm
裙片（1片）摺雙
110cm寬（90/100）
140cm寬（110/120/130/140）

【 縫製順序 】
1. 參照裁布圖，裁剪布片，進行前置作業

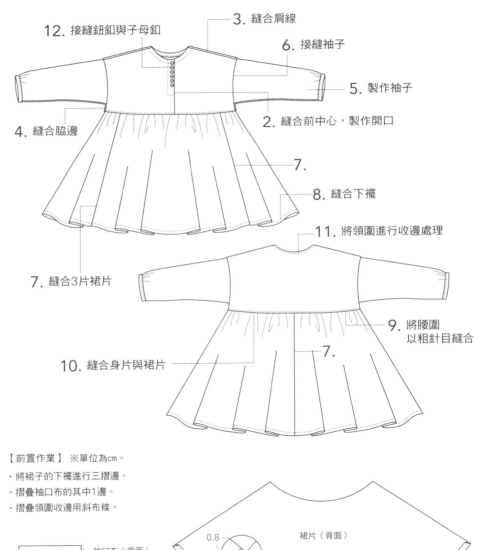

12. 接縫鈕釦與子母釦
3. 縫合肩線
6. 接縫袖子
5. 製作袖子
4. 縫合脇邊
2. 縫合前中心，製作開口
7.
8. 縫合下襬
7. 縫合3片裙片
11. 將領圍進行收邊處理
9. 將腰圍以粗針目縫合
7.
10. 縫合身片與裙片

【前置作業】　※單位為cm。
・將裙子的下襬進行三摺邊。
・摺疊袖口布的其中1邊。
・摺疊領圍收邊用斜布條。

袖口布（背面）
1
摺疊

領圍收邊用斜布條（正面）
2
於中心處對齊後，摺疊。

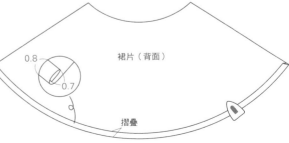

裙片（背面）
0.8
0.7
摺疊

2. 縫合前中心，製作開口

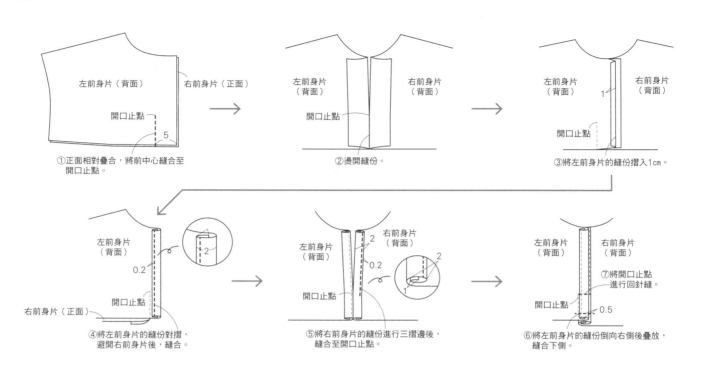

左前身片（背面）　　　右前身片（正面）

開口止點

5

①正面相對疊合，將前中心縫合至
開口止點。

左前身片
（背面）　　　右前身片
（背面）

開口止點

②燙開縫份。

左前身片
（背面）　　　右前身片
（背面）

1

開口止點

③將左前身片的縫份摺入1cm。

左前身片
（背面）

0.2

開口止點

右前身片（正面）

2

④將左前身片的縫份對摺，
避開右前身片後，縫合。

左前身片
（背面）　　　右前身片
（背面）

2

0.2

開口止點

2

1

⑤將右前身片的縫份進行三摺邊後，
縫合至開口止點。

左前身片
（背面）　　　右前身片
（背面）

⑦將開口止點
進行回針縫。

開口止點

0.5

⑥將左前身片的縫份倒向右側後疊放，
縫合下側。

3. 縫合肩線　　4. 縫合脇邊

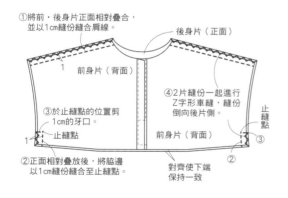

①將前・後片正面相對疊合，
並以1cm縫份縫合肩線。

後身片（正面）

前身片（背面）

1

③於止縫點的位置剪
1cm的牙口。

④2片縫份一起進行
Z字形車縫，縫份
倒向後片側。

止縫點

1 止縫點

前身片（背面）

②正面相對疊放後，將脇邊
以1cm縫份縫合至止縫點。

③

②

對齊使下端
保持一致

5. 製作袖子

③2片縫份一起進行Z字形
車縫，縫份倒向後片側。

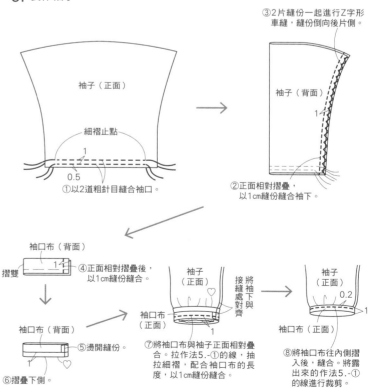

袖子（正面）

細褶止點

1

0.5

①以2道粗針目縫合袖口。

袖子（背面）

1

②正面相對摺疊，
以1cm縫份縫合袖下。

6. 接縫袖子

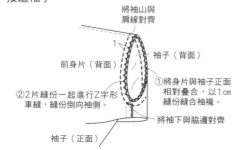

將袖山與
肩線對齊

1

前身片（背面）

袖子（背面）

①將身片與袖子正面
相對疊合，以1cm
縫份縫合袖襱。

②2片縫份一起進行Z字形
車縫，縫份倒向袖側。

將袖下與脇邊對齊

袖子（正面）

袖口布（背面）

1

摺雙

④正面相對摺疊後，
以1cm縫份縫合。

袖口布（背面）

1

⑥摺疊下側。

⑤燙開縫份。

袖子
（正面）

袖口布
（正面）

⑦將袖口布與袖子正面相對疊
合。拉作法5.-①的線，抽
拉細褶，配合袖口布的長
度，以1cm縫份縫合。

接縫將
縫袖
處下
對與
齊

袖子
（正面）

0.2

1

袖口布（正面）

⑧將袖口布往內側摺
入後，縫合。將露
出來的作法5.-①
的線進行裁剪。

7. 縫合3片裙片　　**8.** 縫合下襬　　**9.** 以粗針目縫合腰圍

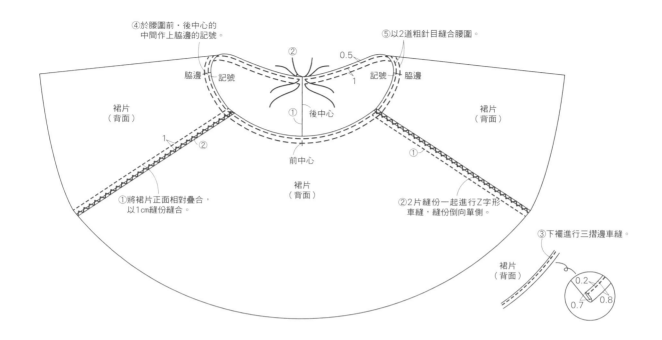

④於腰圍前・後中心的
中間作上脇邊的記號。

②

0.5

1

⑤以2道粗針目縫合腰圍。

脇邊　記號

記號　脇邊

裙片
（背面）

②

① 後中心

裙片
（背面）

1

②

前中心

①

②2片縫份一起進行Z字形
車縫，縫份倒向單側。

①將裙片正面相對疊合，
以1cm縫份縫合。

裙片
（背面）

③下襬進行三摺邊車縫。

裙片
（背面）

0.2

0.7　0.8

10. 縫合身片與裙片

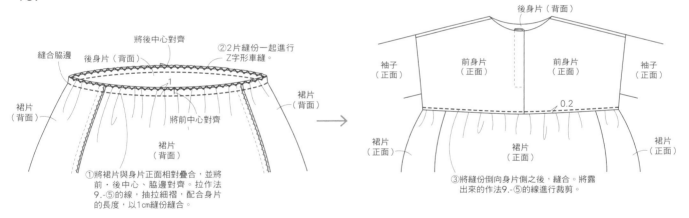

將後中心對齊

②2片縫份一起進行
Z字形車縫。

縫合脇邊

後身片（背面）

1

裙片
（背面）

裙片
（背面）

將前中心對齊

裙片
（背面）

①將裙片與身片正面相對疊合，並將
前・後中心、脇邊對齊。拉作法
9.-⑤的線，抽拉細褶，配合身片
的長度，以1cm縫份縫合。

後身片（背面）

袖子
（正面）

前身片
（正面）

前身片
（正面）

袖子
（正面）

0.2

裙片
（正面）

裙片
（正面）

裙片
（正面）

③將縫份倒向身片側之後，縫合。將露
出來的作法9.-⑤的線進行裁剪。

11. 將領圍進行收邊處理

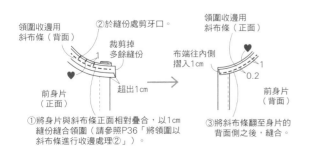

領圍收邊用
斜布條（背面）

②於縫份處剪牙口。

裁剪掉
多餘縫份

1

領圍收邊用
斜布條（正面）

布端往內側
摺入1cm

1

0.2

前身片
（正面）

超出1cm

前身片
（背面）

①將身片與斜布條正面相對疊合，以1cm
縫份縫合領圍（請參照P36「將領圍以
斜布條進行收邊處理②」）。

③將斜布條翻至身片的
背面側之後，縫合。

12. 接縫鈕釦與子母釦

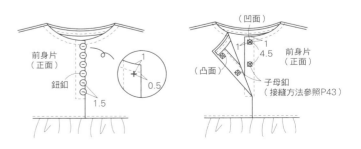

（凹面）

1

1

4.5

前身片
（正面）

前身片
（正面）

1

鈕釦

0.5

（凸面）

子母釦
（接縫方法參照P43）

1.5

P4,17 　肩釦式套頭上衣（長袖）

P9 　　肩釦式套頭上衣（短袖）

【 材料 】 　※由左往右為size 90/100/110/120/130/140
〈長袖〉
・棉布…寬110cm×90/100/100/110/120/150cm
・直徑0.9cm的塑膠四合釦（SUN15-60）…3組
〈短袖〉
・綿麻混紡布…寬110cm×80/90/90/90/100/140cm
・直徑0.9cm的塑膠四合釦（SUN15-69）…3組

【 裁布圖 】
※由上往下或由左往右為size 90/100/110/120/130/140
※領圍收邊用斜布條是直接於布片上畫線後進行裁剪。

〈長袖〉

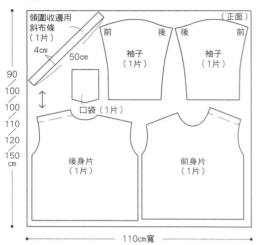

〈短袖〉

【 原寸紙型 】
D面【15】【16】
前身片、後身片、袖子、口袋

【 完成尺寸 】 　※由左往右為size 90/100/110/120/130/140
胸圍＝82/86/90/94/98/102cm
衣長＝34/37/41/45/48/51cm

【 縫製順序 】

1. 參照裁布圖，裁剪布片，進行前置作業

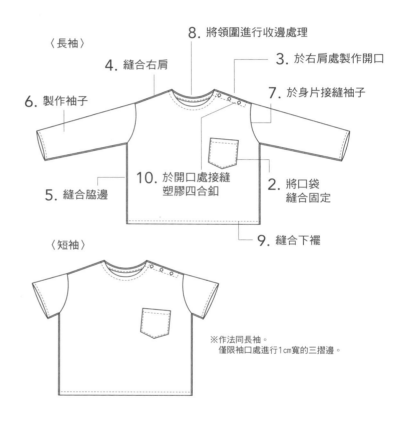

8. 將領圍進行收邊處理
4. 縫合右肩
3. 於右肩處製作開口
7. 於身片接縫袖子
6. 製作袖子
10. 於開口處接縫塑膠四合釦
2. 將口袋縫合固定
5. 縫合脇邊
9. 縫合下襬

〈短袖〉

※作法同長袖。
　僅限袖口處進行1cm寬的三摺邊。

【 前置作業 】 　※單位為cm。
・除了前・後身片的肩線開口縫份，以及口袋開口以外，
　其餘皆進行Z字形車縫。
・將前・後身片的下襬・袖口進行三摺邊。
・摺疊領圍收邊用斜布條。

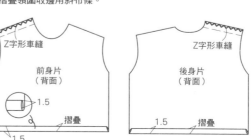

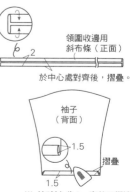

領圍收邊用斜布條（正面）
於中心處對齊後，摺疊。

58

【作法】 ※單位為cm。 ※基礎為〈長袖〉。

2. 將口袋縫合固定。

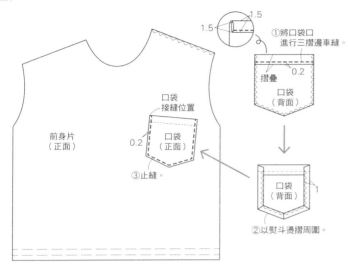

1.5
1.5
①將口袋口進行三摺邊車縫。
0.2
摺疊
口袋（背面）

口袋接縫位置
前身片（正面）
0.2
口袋（正面）
③止縫。

口袋（背面）
1
②以熨斗燙摺周圍。

3. 於左肩處製作開口

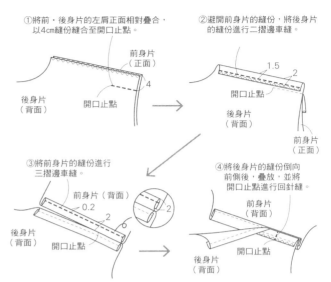

①將前‧後身片的左肩正面相對疊合，以4cm縫份縫合至開口止點。
前身片（正面）
後身片（背面）
開口止點
4

②避開前身片的縫份，將後身片的縫份進行二摺邊車縫。
1.5
2
開口止點
後身片（背面）
前身片（正面）

③將前身片的縫份進行三摺邊車縫。
前身片（背面）
0.2
2
2
後身片（背面）
開口止點

④將後身片的縫份倒向前側後，疊放，並將開口止點進行回針縫。
前身片（背面）
後身片（背面）
開口止點

4. 縫合右肩   5. 縫合脇邊

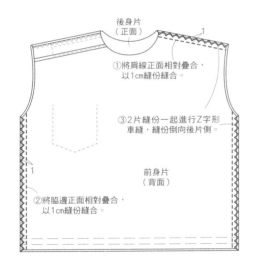

後身片（正面）
1
①將肩線正面相對疊合，以1cm縫份縫合。
③2片縫份一起進行Z字形車縫，縫份倒向後片側。
1
前身片（背面）
②將脇邊正面相對疊合，以1cm縫份縫合。

6. 製作袖子

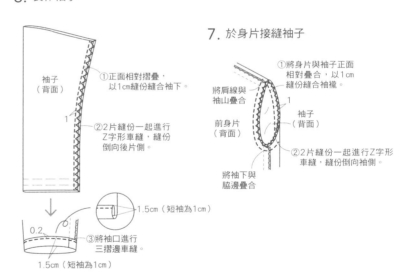

袖子（背面）
①正面相對摺疊，以1cm縫份縫合袖下。
1
②2片縫份一起進行Z字形車縫，縫份倒向後片側。

1.5cm（短袖為1cm）
0.2
③將袖口進行三摺邊車縫。
1.5cm（短袖為1cm）

7. 於身片接縫袖子

①將身片與袖子正面相對疊合，以1cm縫份縫合袖襱。
將肩線與袖山疊合
前身片（背面）
1
袖子（背面）
②2片縫份一起進行Z字形車縫，縫份倒向袖側。
將袖下與脇邊疊合

8. 將領圍進行收邊處理

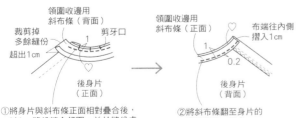

領圍收邊用斜布條（背面）
剪牙口
裁剪掉多餘縫份超出1cm
後身片（正面）
①將身片與斜布條正面相對疊合後，以1cm縫份縫合領圍，並於縫份處剪牙口（請參照P36「將領圍以斜布條進行收邊處理②」）。

領圍收邊用斜布條（正面）
布端往內側摺入1cm
1
0.2
後身片（背面）
②將斜布條翻至身片的背面側後，縫合。

9. 縫合下襬

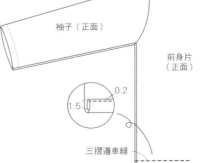

袖子（正面）
前身片（正面）
0.2
1.5
三摺邊車縫

10. 於開口處接縫塑膠四合釦

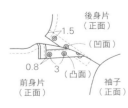

後身片（正面）
1.5
（凹面）
0.8
3
（凸面）
前身片（正面）
袖子（正面）

※全部尺寸通用。
※塑膠四合釦的安裝方法請參照P37。

59

P16　工作吊帶褲

【 材料 】　※由左往右為 size 90/100/110/120/130/140
・燈芯絨…寬110cm×120/130/140/150/170/180cm
・寬2.5cm的活動日型環…2組

【 原寸紙型 】
A面【 1 】
褲管、胸襠、胸襠貼邊、口袋、腰圍貼邊

【 完成尺寸 】　※由左往右為 size 90/100/110/120/130/140
腰圍＝73/77/80/83/87/90cm
衣長＝60.5/67/73.5/82.5/91.5/100.5cm（由前中心至下襬處）

【 裁布圖 】
※由上往下為 size 90/100/110/120/130/140
※五金用部件・肩帶穿入環（各尺寸通用）、肩帶
　是直接於布片上畫線後進行裁剪。

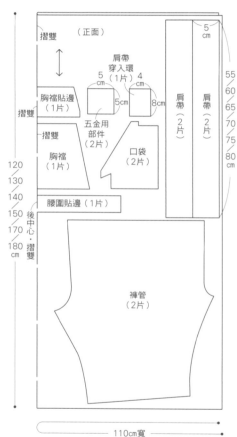

【 縫製順序 】

1. 參照裁布圖，裁剪布片，進行前置作業

2. 製作肩帶、五金用部件

7. 於胸襠處接縫貼邊，
　縫合脇邊

5. 縫合股上

3. 接縫口袋

6. 將肩帶疏縫
　固定於
　後片側

8. 接縫胸襠・
　腰圍貼邊

4. 縫合股下

9. 縫合下襬

5.

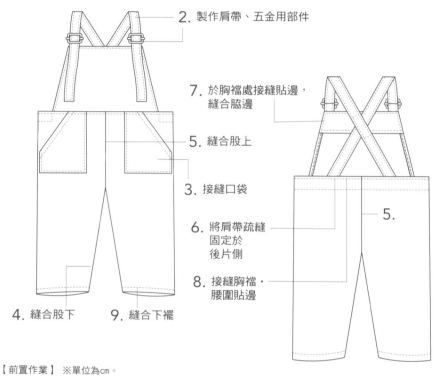

【 前置作業 】　※單位為cm。
・將口袋口進行三摺邊，並於3邊進行Z字形車縫。
・將褲管的下襬・胸襠貼邊進行三摺邊。
・摺疊肩帶・五金用部件・肩帶穿入環的兩側、腰圍貼邊的下側。

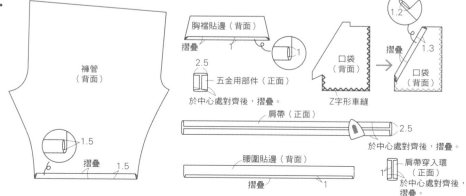

【作法】 ※單位為cm。

2. 製作肩帶、五金用部件

單邊摺入1cm
①正面朝外對疊後，呈ㄇ字形車縫。
摺入1cm
0.3
肩帶（正面）
0.3
肩帶穿入環（正面）
褲管接縫側的布端不需摺疊

肩帶穿入環（正面）
摺雙
0.2
0.2 1
②對摺之後，縫合。

0.2
摺入1cm
③將肩帶穿入環縫合固定於1條肩帶上。
☆＝11/12/13/14/15/16cm
（由左往右為size 90至140）

五金用部件（正面）
0.5
④車縫。

摺雙
0.5
活動日型環
⑤穿過活動日型環後，對摺縫合。

3. 接縫口袋

後
口袋接縫位置
前
口袋（正面）
褲管（正面）
0.2
③於褲管上縫合口袋。

1.3
①縫合口袋口。
0.2
口袋（背面）
②將周圍以熨斗燙摺。

4. 縫合股下

前褲管（背面）
①正面相對疊合，以1cm縫份縫合股下。
②2片縫份一起進行Z字形車縫，縫份倒向後片側。
1

5. 縫合股上

前褲管（正面）
⑤以1cm縫份縫合股上。
③將一褲管翻至正面後，再放入另外一褲管中。
⑥2片縫份一起進行Z字形車縫，縫份倒向右側。
1
④正面相對疊合，將股的縫份交替倒向對側。
前褲管（背面）
將所有的股下疊合

6. 將肩帶疏縫固定於後片側

超出1cm
後中心
單邊斜向超出1cm
褲管（正面）
★ ★
1
褲管（正面）
肩帶（正面）
※肩帶穿入環的接縫面。
⑦翻至正面，將肩帶疏縫固定於後片側。
★＝5/5/5.5/6/6.5/6.5cm
※由左往右為size 90至140。

7. 於胸襠上接縫貼邊，縫合脇邊

五金用部件（正面）
2 0.5
①縫合五金用部件。
摺雙
胸襠（正面）

胸襠貼邊（背面）
②縫合。
1 0.2

③將胸襠與貼邊正面相對疊合，以1cm縫份縫合。
胸襠貼邊（背面）
1
④於脇邊、上側進行Z字形車縫。
胸襠（正面）

五金用部件（正面）
0.5
胸襠貼邊（正面）
1
1
0.5
0.5
胸襠（背面）
⑤將貼邊翻至正面，摺疊脇邊、上側之後，縫合。

8. 接縫胸襠・腰圍貼邊

①將褲管與胸襠・腰圍貼邊正面相對疊合，以1cm縫份縫合。
將後中心對齊
褲管（背面）
腰圍貼邊接縫位置
1
摺入1cm
將前中心對齊
胸襠（背面）
腰圍貼邊（背面）
②2片一起於胸襠的縫份處進行Z字形車縫。
褲管（正面）
胸襠貼邊（正面）
褲管（正面）

胸襠（正面）
0.5
褲管（正面）
③縫份倒向褲管側後，縫合。

0.5
肩帶（正面）
腰圍貼邊（正面）
0.2
胸襠（背面）
褲管（背面）
後中心
④縫合腰圍貼邊的下側。
腰圍貼邊的布端也接續縫合

9. 縫合下襬

1.5
1.5 0.2
進行三摺邊車縫

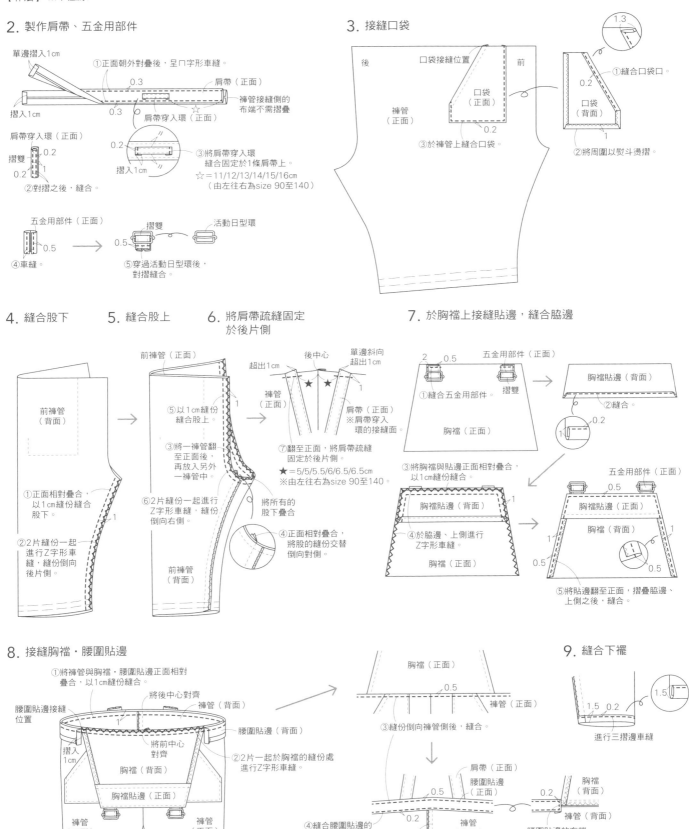

P4 錐形褲

【 材料 】 ※由左往右為size 90/100/110/120/130/140
・棉布…寬110cm×90/100/120/130/150/170cm
・1.5cm的鬆緊帶…20/22/24/26/28/30cm

【 原寸紙型 】
C面【13】
前褲管、後褲管、口袋布、口袋脇邊布

【 完成尺寸 】 ※由左往右為size 90/100/110/120/130/140
腰圍＝70/75/81/87/93/99cm
褲長＝47/52/57/63/69/75cm

【 裁布圖 】

※由上往下或由左往右為size 90/100/110/120/130/140
※前・後腰帶是直接於布片上畫線後進行裁剪。

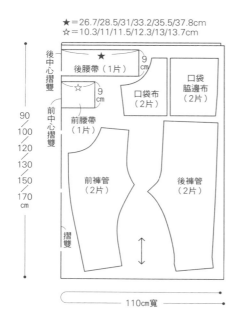

★＝26.7/28.5/31/33.2/35.5/37.8cm
☆＝10.3/11/11.5/12.3/13/13.7cm

【 縫製順序 】

1. 參照裁布圖，裁剪布片

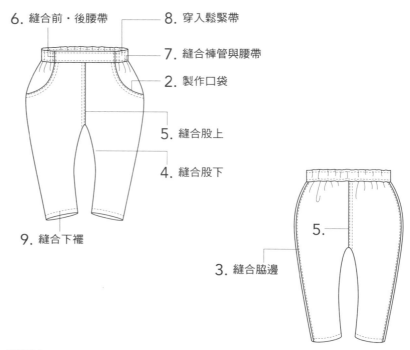

6. 縫合前・後腰帶
8. 穿入鬆緊帶
7. 縫合褲管與腰帶
2. 製作口袋
5. 縫合股上
4. 縫合股下
9. 縫合下襬
5.
3. 縫合脇邊

【 作法 】 ※單位為cm。

2. 製作口袋

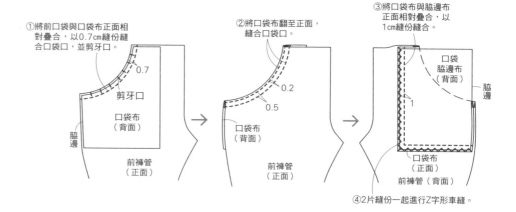

①將前口袋與口袋布正面相對疊合，以0.7cm縫份縫合口袋口，並剪牙口。

0.7
剪牙口
口袋布（背面）
脇邊
前褲管（正面）

②將口袋布翻至正面，縫合口袋口。

0.2
0.5
口袋布（背面）
前褲管（正面）

③將口袋布與脇邊布正面相對疊合，以1cm縫份縫合。

口袋脇邊布（背面）
脇邊
1
口袋布（正面）
前褲管（背面）

④2片縫份一起進行Z字形車縫。

62

3. 縫合脇邊

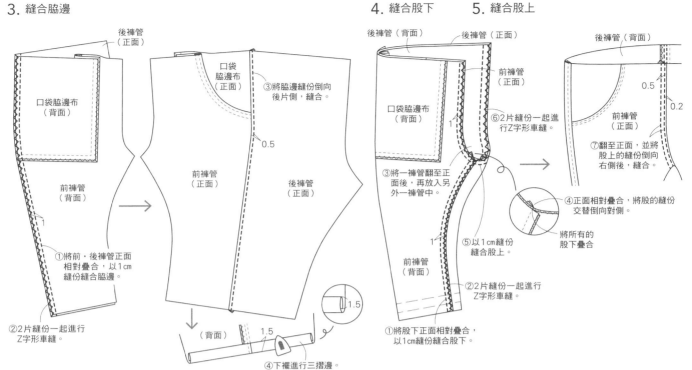

後褲管（正面）

口袋脇邊布（背面）

前褲管（背面）

①將前・後褲管正面相對疊合，以1cm縫份縫合脇邊。

②2片縫份一起進行Z字形車縫。

口袋脇邊布（正面）

③將脇邊縫份倒向後片側，縫合。

前褲管（正面）

後褲管（正面）

0.5

（背面）　1.5

④下襬進行三摺邊。

1.5

4. 縫合股下

後褲管（背面）　後褲管（正面）

口袋脇邊布（背面）

前褲管（正面）

⑥2片縫份一起進行Z字形車縫。

③將一褲管翻至正面後，再放入另外一褲管中。

⑤以1cm縫份縫合股上。

前褲管（背面）

②2片縫份一起進行Z字形車縫。

①將股下正面相對疊合，以1cm縫份縫合股下。

5. 縫合股上

後褲管（背面）

0.5

0.2

前褲管（正面）

⑦翻至正面，並將股上的縫份倒向右側後，縫合。

④正面相對疊合，將股的縫份交替倒向對側。

將所有的股下疊合

6. 縫合前・後腰帶

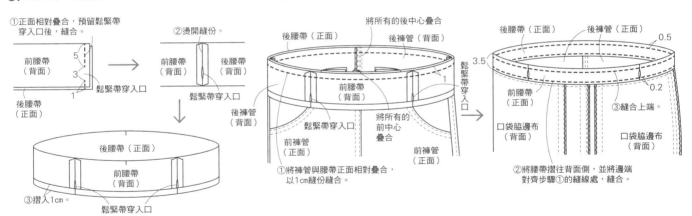

①正面相對疊合，預留鬆緊帶穿入口後，縫合。

前腰帶（背面）

5　3　1

後腰帶（正面）

鬆緊帶穿入口

②燙開縫份。

前腰帶（背面）　後腰帶（背面）

鬆緊帶穿入口

後腰帶（正面）

前腰帶（背面）

③摺入1cm。

鬆緊帶穿入口

7. 縫合褲管與腰帶

將所有的後中心疊合

後腰帶（正面）　後褲管（背面）

前腰帶（背面）

後褲管（背面）

鬆緊帶穿入口

前褲管（正面）

將所有的前中心疊合

前褲管（正面）

鬆緊帶穿入口

①將褲管與腰帶正面相對疊合，以1cm縫份縫合。

後腰帶（正面）　後褲管（正面）

0.5

3.5

前腰帶（正面）

0.2

③縫合上端。

口袋脇邊布（背面）　口袋脇邊布（背面）

②將腰帶摺往背面側，並將邊端對齊步驟①的縫線處，縫合。

8. 穿入鬆緊帶

鬆緊帶穿入口　鬆緊帶

珠針　於前腰帶放入1.5cm

縫合　縫合

0.2　0.2

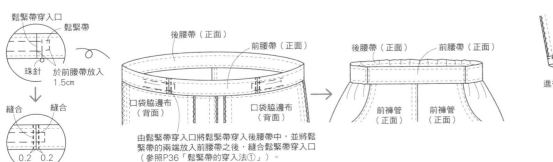

後腰帶（正面）　前腰帶（正面）

口袋脇邊布（背面）　口袋脇邊布（背面）

由鬆緊帶穿入口將鬆緊帶穿入後腰帶中，並將鬆緊帶的兩端放入前腰帶之後，縫合鬆緊帶穿入口（參照P36「鬆緊帶的穿入法①」）。

後腰帶（正面）　前腰帶（正面）

前褲管（正面）　前褲管（正面）

9. 縫合下襬

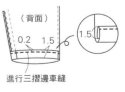

（背面）

0.2　1.5

1.5

進行三摺邊車縫

【 材料 】　※由左往右為size 90/100/110/120/130/140
・亞麻布…寬110cm×100/100/120/130/140/150cm
・寬1.5cm的鬆緊帶…40/42/44/46/48/50cm

【 原寸紙型 】
B面【9】
前褲管、後褲管、口袋布、口袋脇邊布

【 完成尺寸 】　※由左往右為size 90/100/110/120/130/140
腰圍＝67/69/73/77/81/86cm
褲長＝38.5/44.5/50.5/56.5/62.5/70.5cm

【裁布圖】

※由上往下或由左往右為size 90/100/110/120/130/140
※腰帶是直接於布片上畫線後進行裁剪。

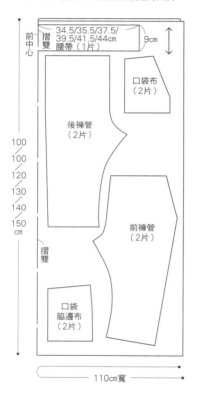

前中心
摺雙

34.5/35.5/37.5/
39.5/41.5/44cm
腰帶（1片）
9cm

口袋布
（2片）

後褲管
（2片）

前褲管
（2片）

口袋
脇邊布
（2片）

100
100
120
130
140
150
cm

摺雙

110cm寬

【縫製順序】

1. 參照裁布圖，裁剪布片，進行前置作業

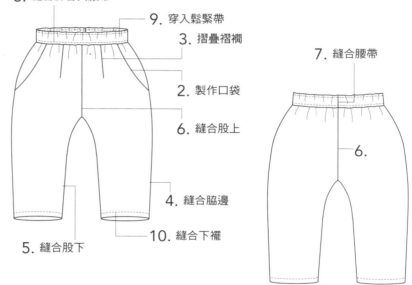

8. 縫合褲管與腰帶

9. 穿入鬆緊帶

3. 摺疊褶襇

2. 製作口袋

6. 縫合股上

4. 縫合脇邊

5. 縫合股下

10. 縫合下襬

7. 縫合腰帶

6.

【前置作業】　※單位為cm。

・摺疊腰帶的一邊，並於脇邊與前・後中心處作記號。

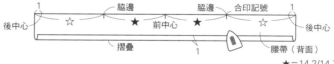

後中心　1　☆　脇邊　★　前中心　★　脇邊　合印記號　☆　1　後中心

摺疊　　　　1　　　腰帶（背面）

★＝14.2/14.7/15.7/16.7/17.7/19cm
☆＝20.3/20.8/21.8/22.8/23.8/25cm

【作法】　※單位為cm。

2. 製作口袋

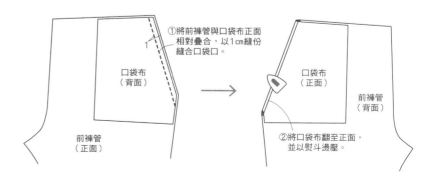

口袋布
（背面）

前褲管
（正面）

①將前褲管與口袋布正面
相對疊合，以1cm縫份
縫合口袋口。

口袋布
（正面）

前褲管
（背面）

②將口袋布翻至正面，
並以熨斗燙壓。

64

3. 摺疊褶襉

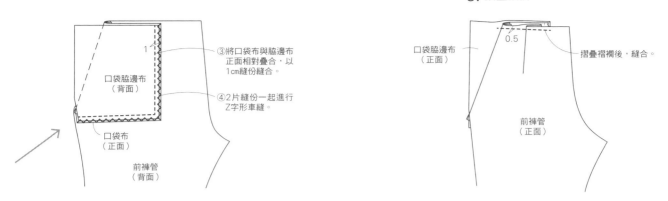

③將口袋布與脇邊布
正面相對疊合，以
1cm縫份縫合。

④2片縫份一起進行
Z字形車縫。

口袋脇邊布
（背面）

口袋布
（正面）

前褲管
（背面）

口袋脇邊布
（正面）

0.5

摺疊褶襉後，縫合。

前褲管
（正面）

4. 縫合脇邊　　### 5. 縫合股下

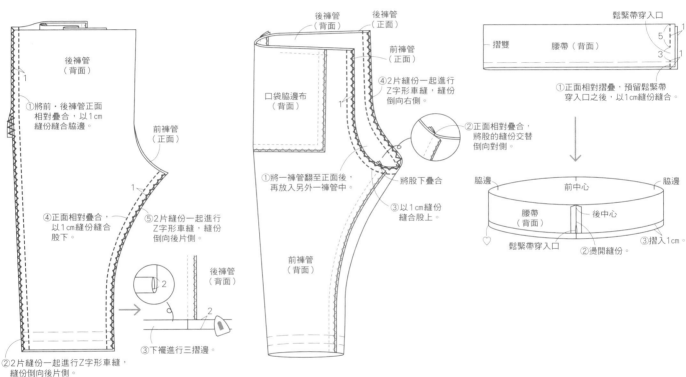

後褲管
（背面）

①將前・後褲管正面
相對疊合，以1cm
縫份縫合脇邊。

②2片縫份一起進行Z字形車縫，
縫份倒向後片側。

前褲管
（正面）

④正面相對疊合，
以1cm縫份縫合
股下。

⑤2片縫份一起進行
Z字形車縫，縫份
倒向後片側。

後褲管
（背面）

③下襬進行三摺邊。

6. 縫合股上

後褲管
（背面）

後褲管
（正面）

前褲管
（正面）

④2片縫份一起進行
Z字形車縫，縫份
倒向右側。

②正面相對疊合，
將股的縫份交替
倒向對側。

口袋脇邊布
（背面）

①將一褲管翻至正面後，
再放入另外一褲管中。

將股下疊合

③以1cm縫份
縫合股上。

前褲管
（背面）

7. 縫合腰帶

鬆緊帶穿入口

摺雙　　腰帶（背面）

5　　1
3　　1

①正面相對摺疊，預留鬆緊帶
穿入口之後，以1cm縫份縫合。

脇邊　　前中心　　脇邊

腰帶
（背面）

後中心

鬆緊帶穿入口

②燙開縫份。

③摺入1cm。

8. 縫合褲管與腰帶

①將褲管與腰帶正面相對疊合，
以1cm縫份縫合。

將所有的後中心疊合

將脇邊
疊合

腰帶（背面）

1

將所有的
前中心疊合

前褲管
（正面）

前褲管
（正面）

9. 穿入鬆緊帶

④鬆緊帶穿入一圈（參照P37
「鬆緊帶的穿入法②」）。

③縫合上端。

0.5

3.5

0.2

後褲管
（背面）

後褲管
（背面）

腰帶（正面）

2.5

⑤鬆緊帶使兩端疊合後，
再進行回針縫。

②將腰帶摺往背面側，並將邊端對齊
步驟①的縫線處，縫合。

10. 縫合下襬

前褲管
（背面）

2　　0.2

三摺邊車縫

P9, 11　圓圓口袋的短褲

【 材料 】　※由左往右為size 90/100/110/120/130/140
・棉布…寬110cm×70/70/70/110/110/130cm
・寬1.5cm的鬆緊帶…40/42/44/46/48/50cm

【 原寸紙型 】
C面【14】
褲管、口袋

【 完成尺寸 】　※由左往右為size 90/100/110/120/130/140
腰圍＝75/77/81/84/87/90cm
褲長＝24.7/26.7/28.2/30.2/33.7/36.7cm

【 裁布圖 】
※由上往下為size 90/100/110/120/130/140

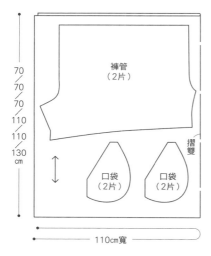

【 縫製順序 】

1. 參照裁布圖，裁剪布片，進行前置作業

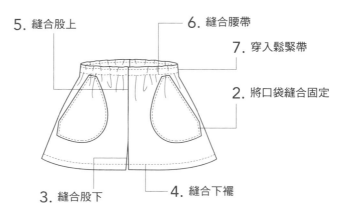

5. 縫合股上
6. 縫合腰帶
7. 穿入鬆緊帶
2. 將口袋縫合固定
3. 縫合股下
4. 縫合下襬

5.

【 前置作業 】　※單位為cm。
・下襬進行三摺邊。

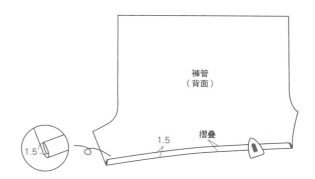

【作法】 ※單位為cm。

2. 將口袋縫合固定

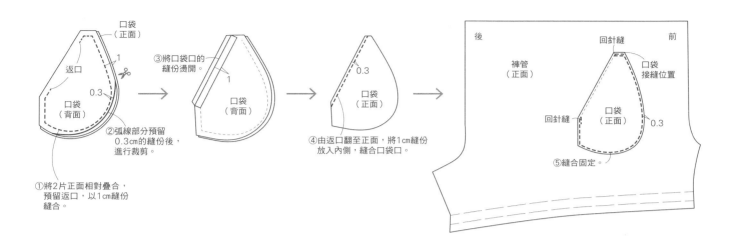

口袋
（正面）

返口

1

口袋
（背面）

0.3

②弧線部分預留
0.3cm的縫份後，
進行裁剪。

①將2片正面相對疊合，
預留返口，以1cm縫份
縫合。

③將口袋口的
縫份燙開。

1

口袋
（背面）

0.3

口袋
（正面）

④由返口翻至正面，將1cm縫份
放入內側，縫合口袋口。

後　　　　　　　　　　　前

褲管
（正面）

回針縫

口袋
接縫位置

回針縫

口袋
（正面）

0.3

⑤縫合固定。

3. 縫合股下　　4. 縫合下襬

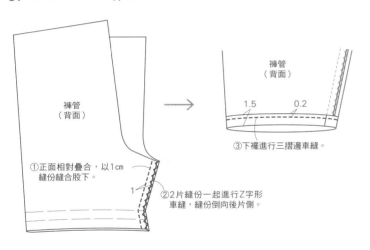

褲管
（背面）

①正面相對疊合，以1cm
縫份縫合股下。

1

②2片縫份一起進行Z字形
車縫，縫份倒向後片側。

褲管
（背面）

1.5　　0.2

③下襬進行三摺邊車縫。

5. 縫合股上

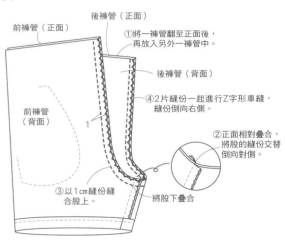

前褲管（正面）

後褲管（正面）

①將一褲管翻至正面後，
再放入另外一褲管中。

後褲管（背面）

④2片縫份一起進行Z字形車縫，
縫份倒向右側。

前褲管
（背面）

1

②正面相對疊合，
將股的縫份交替
倒向對側。

③以1cm縫份縫
合股上。

將股下疊合

6. 縫合腰帶　　7. 穿入鬆緊帶

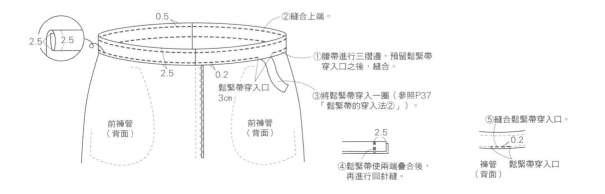

2.5　2.5

0.5

2.5

0.2

②縫合上端。

①腰帶進行三摺邊，預留鬆緊帶
穿入口之後，縫合。

鬆緊帶穿入口
3cm

③將鬆緊帶穿入一圈（參照P37
「鬆緊帶的穿入法②」）。

前褲管
（背面）

前褲管
（背面）

2.5

④鬆緊帶使兩端疊合後，
再進行回針縫。

⑤縫合鬆緊帶穿入口。

0.2

褲管　　鬆緊帶穿入口
（背面）

P22　有領連身衣
P23　短袖連身衣

【 材料 】※由左往右為size 90/100/110/120/130/140
〈有領連身衣〉
・亞麻布…寬110cm×140/150/160/180/210/230cm
・直徑0.8cm的子母釦（SUN10-02）…5組
〈短袖連身衣〉
・亞麻布…寬110cm×140/140/160/160/210/230cm
・直徑0.9cm的塑膠四合釦（SUN15-69）…5組

【 原寸紙型 】
D面【17】【18】
前身片、後身片、褲管、袖子、領子（B面【17】）、前襟
※領子〈僅限有領連身衣〉。

【 完成尺寸 】　※由左往右為size 90/100/110/120/130/140
胸圍＝80/84/88/92/96/100cm
衣長＝70/77/84/92/102/112cm（不含領子部分）

【裁布圖】
※由上往下或由左往右為size 90/100/110/120/130/140
〈有領連身衣〉

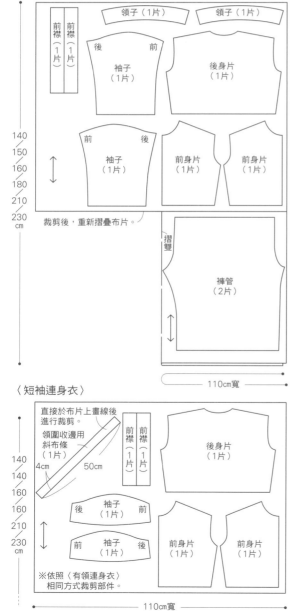

〈短袖連身衣〉

【縫製順序】
〈有領連身衣〉

1. 參照裁布圖，裁剪布片，進行前置作業

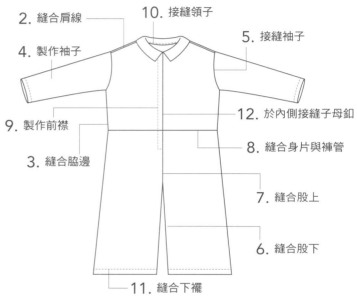

2. 縫合肩線
4. 製作袖子
10. 接縫領子
5. 接縫袖子
9. 製作前襟
3. 縫合脇邊
12. 於內側接縫子母釦
8. 縫合身片與褲管
7. 縫合股上
6. 縫合股下
11. 縫合下襬

〈短袖連身衣〉

2.
4.
10. 將領圍以斜布條進行收邊處理
5.
12. 安裝塑膠四合釦
3.
9.
8.
7.
6.
11.

※除了順序10、12以外，
其餘皆同〈有領連身衣〉。

【前置作業】 ※單位為cm。

※將褲管的下襬與袖口進行三摺邊。

※摺疊前襟。

※摺疊領圍收邊用斜布條（短袖連身衣）。

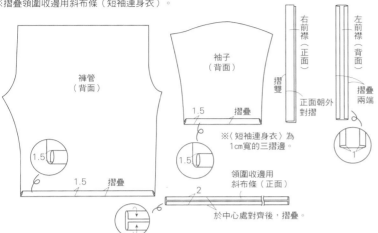

褲管（背面）

1.5

1.5

1.5　摺疊

摺疊

袖子（背面）

1.5　摺疊

※〈短袖連身衣〉為1cm寬的三摺邊。

領圍收邊用斜布條（正面）

2

於中心處對齊後，摺疊。

右前襟（正面）

摺雙

正面朝外對摺

左前襟（背面）

摺疊兩端

1

【作法】 ※單位為cm。 ※基礎為〈有領連身衣〉。

2. 縫合肩線　3. 縫合脇邊

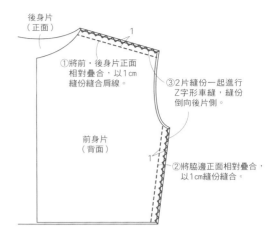

後身片（正面）

1

①將前・後身片正面相對疊合，以1cm縫份縫合肩線。

③2片縫份一起進行Z字形車縫，縫份倒向後片側。

前身片（背面）

②將脇邊正面相對疊合，以1cm縫份縫合。

4. 製作袖子

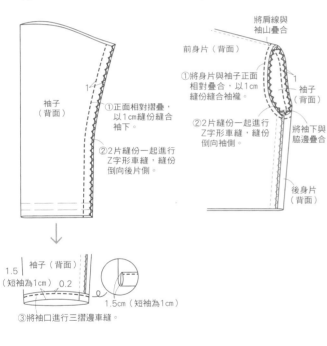

袖子（背面）

1

①正面相對摺疊，以1cm縫份縫合袖下。

②2片縫份一起進行Z字形車縫，縫份倒向後片側。

1.5
（短袖為1cm）　0.2

袖子（背面）

1.5cm（短袖為1cm）

③將袖口進行三摺邊車縫。

5. 接縫袖子

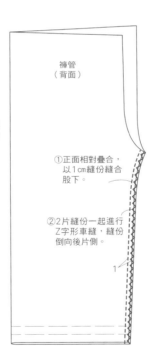

將肩線與袖山疊合

前身片（背面）

①將身片與袖子正面相對疊合，以1cm縫份縫合袖襱。

1

袖子（背面）

②2片縫份一起進行Z字形車縫，縫份倒向袖側。

將袖下與脇邊疊合

後身片（背面）

6. 縫合股下

褲管（背面）

①正面相對疊合，以1cm縫份縫合股下。

②2片縫份一起進行Z字形車縫，縫份倒向後片側。

1

7. 縫合股上

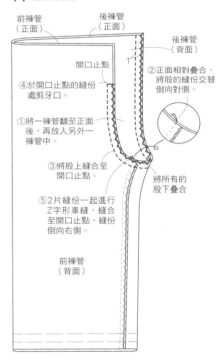

前褲管（正面）　後褲管（正面）

後褲管（背面）

開口止點

1

④於開口止點的縫份處剪牙口。

①將一褲管翻至正面後，再放入另外一褲管中。

③將股上縫縫至開口止點。

⑤2片縫份一起進行Z字形車縫，縫合至開口止點，縫份倒向右側。

②正面相對疊合，將股的縫份交替倒向對側。

將所有的股下疊合

前褲管（背面）

8. 縫合身片與褲管

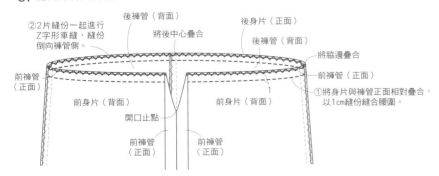

②2片縫份一起進行Z字形車縫，縫份倒向褲管側。

後褲管（背面）

將後中心疊合

後身片（正面）

後褲管（背面）

將脇邊疊合

前褲管（正面）

前身片（背面）

前褲管（正面）

1

前身片（背面）

①將身片與褲管正面相對疊合，以1cm縫份縫合腰圍。

開口止點

前褲管（正面）　前褲管（正面）

9. 製作前襟

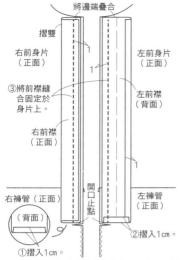

將邊端疊合

摺雙

右前身片（正面）

左前身片（正面）

1

1

③將前襟縫合固定於身片上。

右前襟（正面）

左前襟（背面）

右褲管（正面）

（背面）

左褲管（正面）

開口止點

①摺入1cm。

②摺入1cm。

※實際上至開口止點為止的股上為縫合後，2片縫份一起進行Z字形車縫的狀態。為了更淺顯易懂，因此將左右褲管分別表示。

11. 縫合下襬

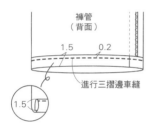

褲管（背面）

1.5　0.2

進行三摺邊車縫

1.5

12. 於內側接縫子母釦

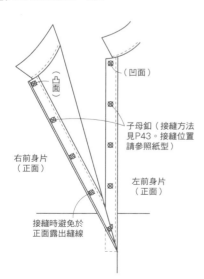

（凸面）

（凹面）

子母釦（接縫方法見P43。接縫位置請參照紙型）

右前身片（正面）

左前身片（正面）

接縫時避免於正面露出縫線

10. 接縫領子　※領子的作法參照P46-作法8.①③④（無黏著襯）。

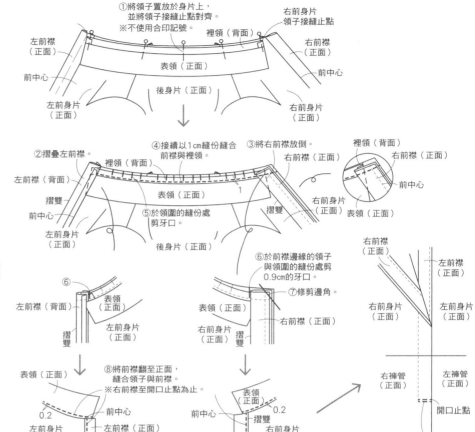

①將領子置放於身片上，並將領子接縫止點對齊。※不使用合印記號。

左前襟（正面）

裡領（背面）

右前身片領子接縫止點

右前襟（正面）

表領（正面）

前中心

前中心

左前身片（正面）

後身片（正面）

右前身片（正面）

②摺疊左前襟。

④接續以1cm縫份縫合前襟與裡領。

③將右前襟放倒。

裡領（背面）

右前襟（正面）

左前襟（背面）

裡領（背面）

右前身片（正面）

前中心

摺雙

前中心

表領（正面）

1

摺雙

右前襟（正面）表領（正面）

左前身片（正面）

⑤於領圍的縫份處剪牙口。

後身片（正面）

⑥於前襟邊緣的領子與領圍的縫份處剪0.9cm的牙口。

右前襟（正面）

左前襟（正面）

⑥

左前襟（背面）

表領（正面）

摺雙

左前身片（正面）

⑦修剪邊角。

右前身片（正面）

表領（正面）

摺雙

右前襟（正面）

右前身片（正面）

左前襟（正面）

右前身片（正面）

左前身片（正面）

表領（正面）

⑧將前襟翻至正面，縫合領子與前襟。※右前襟至開口止點為止。

0.2

前中心

前中心

表領（正面）

左前身片（背面）

左前襟（正面）

摺雙

右前襟（正面）

右前身片（背面）

摺雙

右褲管（正面）

左褲管（正面）

開口止點

⑨將開口止點進行回針縫。

0.2

0.2

0.2

0.2

〈短袖連身衣〉

10. 將領圍以斜布條進行收邊處理

※左右的前襟事先於完成線上摺疊並縫合。

①將身片與斜布條正面相對疊合後，以1cm縫份縫合領圍，並於縫份處剪牙口（請參照P36「將領圍以斜布條進行收邊處理②」）。

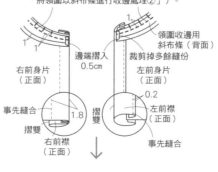

1

1

右前身片（正面）

邊端摺入0.5cm

領圍收邊用斜布條（背面）

裁剪掉多餘縫份

左前身片（正面）

0.2

左前襟（正面）

事先縫合

1.8

摺雙

右前襟（正面）

摺雙

事先縫合

②將斜布條翻至背面側後，縫合。

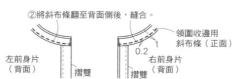

左前身片（背面）

摺雙

1

0.2

領圍收邊用斜布條（正面）

右前身片（背面）

摺雙

12. 接縫子母釦

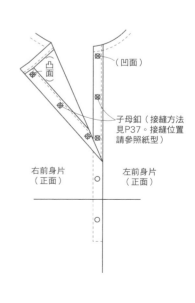

凸面

（凹面）

子母釦（接縫方法見P37。接縫位置請參照紙型）

右前身片（正面）

左前身片（正面）

P28　領片／方領・圓領

P11　皇冠

【 材料 】　〈領片／方領或圓領1片份〉
・亞麻布…70×20cm
・黏著襯…35×20cm
・寬1.5cm的蕾絲花邊…70cm（僅限方領）
・直徑0.6cm的子母釦（SUN12-85）…1組

〈皇冠〉
・亞麻布或亮片布…80×15cm
・鋪棉…40×15cm　・寬0.3cm的緞帶…45cm×2條

【 原寸紙型 】
D面【21】〈皇冠〉、【22】〈領片／圓領〉、【23】〈領片／方領〉
本體〈皇冠〉、領子〈領片〉

【 完成尺寸 】
〈皇冠〉高約9×周圍30.5cm
〈領片/圓領〉〈領片/方領〉請參照【作法】5.

【裁布圖】〈領片〉
※領片／圓領、方領通用。

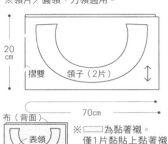

【縫製順序】
1. 參照裁布圖，裁剪布片，進行前置作業

2. 將蕾絲花邊縫合固定於表領上（僅限方領）

〈方領〉

3. 縫合表・裡領
4. 縫合返口
5. 接縫子母釦

【裁布圖】〈皇冠〉

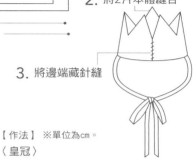

【縫製順序】
1. 參照裁布圖，裁剪布片。

2. 將2片本體縫合

3. 將邊端藏針縫

【作法】 ※單位為cm。 ※基礎為〈方領〉。
〈方領〉

2. 將蕾絲花邊縫合固定於表領上

〈圓領〉

3. 5. 4.

【作法】 ※單位為cm。
〈皇冠〉

2. 將2片本體縫合

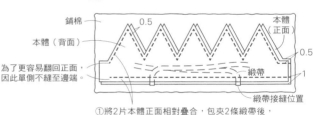

①將2片本體正面相對疊合，包夾2條緞帶後，疊放於鋪棉上，縫合。

②使鋪棉對齊本體，進行裁剪，剪牙口之後，翻至正面，以熨斗整理燙出形狀。

3. 縫合表・裡領　　4. 縫合返口
5. 接縫子母釦

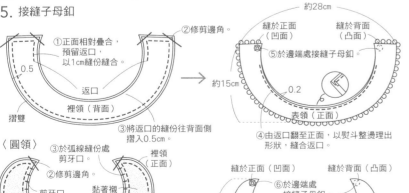

3. 將邊端藏針縫

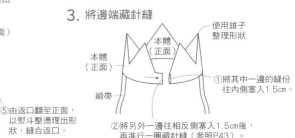

①將其中一邊的縫份往內側塞入1.5cm。

②將另外一邊往相反側塞入1.5cm後，再進行一圈藏針縫（參照P43）。

71

P10, 20　抓褶裙

【 完成尺寸 】　※由左往右為size 90/100/110/120/130/140
腰圍＝58/68/78/88/98/108cm
裙長＝32.5/36.5/40.5/46.5/50.5/54.5

【 材料 】　※由左往右為size 90/100/110/120/130/140
・亞麻布…寬110cm×110/120/130/150/160/180cm
・寬2cm的鬆緊帶…40/42/44/46/48/50cm

【 裁布圖 】
※由上往下或由左往右為size 90/100/110/120/130/140
※直接於布片上畫線後進行裁剪。

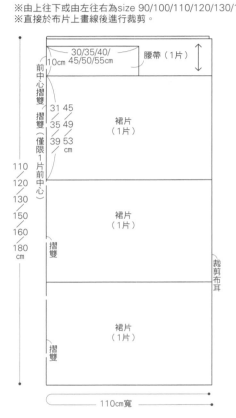

前中心摺雙

摺雙（僅限1片前中心）

30/35/40/
45/50/55cm

10cm

腰帶（1片）

31 45
35 49
39 53 cm

裙片（1片）

110/120/130/150/160/180 cm

裙片（1片）

摺雙

裙片（1片）

摺雙

裁剪布耳

110cm寬

【 縫製順序 】　1. 參照裁布圖，裁剪布片，進行前置作業

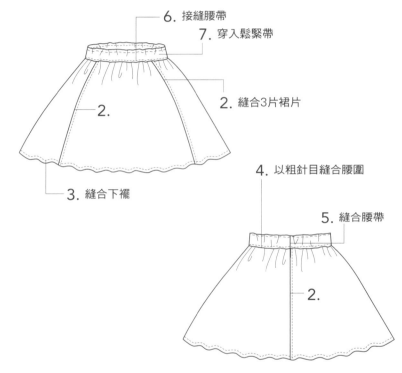

6. 接縫腰帶

7. 穿入鬆緊帶

2. 縫合3片裙片

2.

3. 縫合下襬

4. 以粗針目縫合腰圍

5. 縫合腰帶

2.

【 前置作業 】　※單位為cm。

※摺疊腰帶的其中1邊。

※將裙子的下襬進行三摺邊。

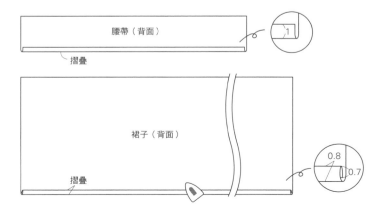

腰帶（背面）

摺疊

1

裙子（背面）

摺疊

0.8　0.7

【作法】 ※單位為cm。

2. 縫合3片裙片　　3. 縫合下襬　　4. 以粗針目縫合腰圍

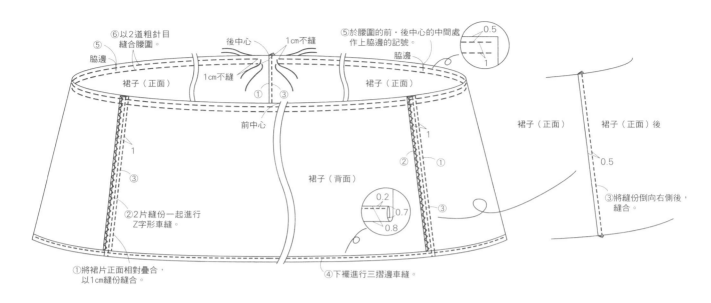

⑥以2道粗針目縫合腰圍。
⑤
脇邊

後中心　1cm不縫
1cm不縫

裙子（正面）
①
③
前中心

裙子（正面）

⑤於腰圍的前・後中心的中間處作上脇邊的記號。
脇邊
0.5
1

裙子（正面）　裙子（正面）後

0.5

③將縫份倒向右側後，縫合。

1

②
①

裙子（背面）

0.2
0.7
0.8

③

1

②2片縫份一起進行Z字形車縫。

①將裙片正面相對疊合，以1cm縫份縫合。

④下襬進行三摺邊車縫。

5. 縫合腰帶

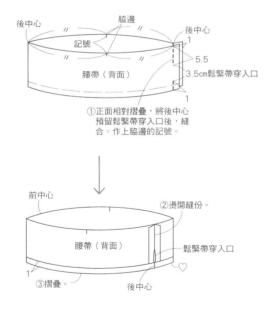

後中心　　　　脇邊　　　　後中心
記號　　　　　　　　　　　　1
腰帶（背面）　　　　　　　5.5
　　　　　　　　　　　　　3.5cm鬆緊帶穿入口

①正面相對摺疊，將後中心預留鬆緊帶穿入口後，縫合。作上脇邊的記號。

前中心
②燙開縫份。
腰帶（背面）
鬆緊帶穿入口
1
③摺疊
後中心

6. 接縫腰帶　　7. 穿入鬆緊帶

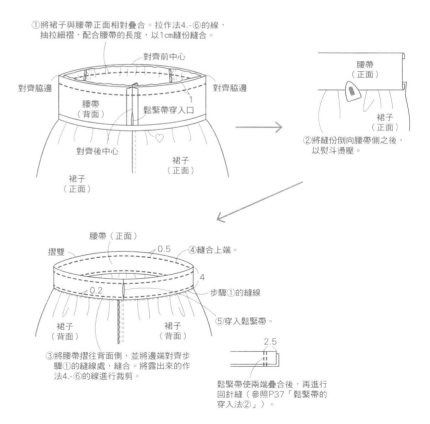

①將裙子與腰帶正面相對疊合。拉作法4.-⑥的線，抽拉細褶，配合腰帶的長度，以1cm縫份縫合。

對齊前中心
對齊脇邊　　　　　　　　　　　對齊脇邊
腰帶（背面）　鬆緊帶穿入口
對齊後中心
裙子（正面）
裙子（正面）

腰帶（正面）
裙子（正面）
②將縫份倒向腰帶側之後，以熨斗燙壓。

腰帶（正面）
摺雙　　　　0.5　　④縫合上端。
0.2　　　　　　　　4
　　　　　　　　步驟①的縫線
裙子（背面）　裙子（背面）
⑤穿入鬆緊帶

③將腰帶摺往背面側，並將邊端對齊步驟①的縫線處，縫合。將露出來的作法4.-⑥的線進行裁剪。

2.5

鬆緊帶使兩端疊合後，再進行回針縫（參照P37「鬆緊帶的穿入法②」）。

P32　無領外套

P24　西裝領外套

【 材料 】※由左往右為size 90/100/110/120/130/140
〈無領外套〉
・表布：羊毛布…寬140cm×170/220/230/250/270/290cm
・裡布：電光緞面布…寬110cm×150/180/200/210/230/250cm
・直徑1.5cm的鈕釦…4顆

〈西裝領外套〉
・表布：亞麻布…寬110cm×160/210/220/240/260/280cm
・裡布：電光緞面布…寬110cm×140/170/190/200/220/240cm
・直徑1.2cm的鈕釦…5顆

【 原寸紙型 】
A面【3】【4】
前身片、後身片、袖子、領子、前貼邊、後貼邊、口袋
※領子僅限西裝領外套。

【 完成尺寸 】　※由左往右為size 90/100/110/120/130/140
　※基礎為無領外套，〔 〕內為西裝領外套
胸圍＝79/85/91/98/105/112cm〔75/81/87/94/101/108cm〕
衣長＝49/56/63/70/76/82cm
　　　〔45/50/55/61/66/72cm（不含領子部分）〕

【 縫製順序 】　〈無領外套〉

1. 參照裁布圖，裁剪布片，進行前置作業

【 裁布圖 】　〈無領外套〉
※由上往下為size 90/100/110/120/130/140

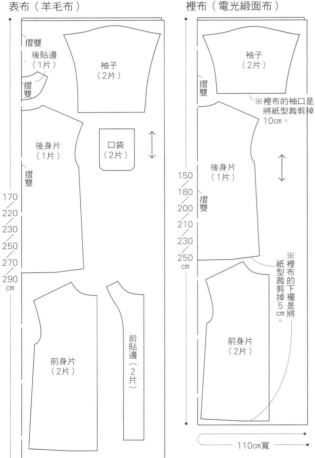

4. 縫合肩線 （參照P.76-作法3.）

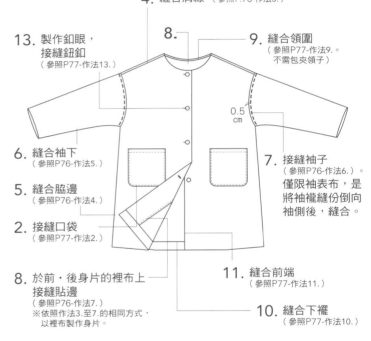

8.

9. 縫合領圍
（參照P77-作法9.。
不需包夾領子）

13. 製作釦眼，
接縫鈕釦
（參照P77-作法13.）

0.5
cm

6. 縫合袖下
（參照P76-作法5.）

5. 縫合脇邊
（參照P76-作法4.）

2. 接縫口袋
（參照P77-作法2.）

7. 接縫袖子
（參照P76-作法6.）。
僅限袖表布，是
將袖襱縫份倒向
袖側後，縫合。

8. 於前・後身片的裡布上
接縫貼邊
（參照P76-作法7.）
※依照作法3.至7.的相同方式，
以裡布製作身片。

11. 縫合前端
（參照P77-作法11.）

10. 縫合下襬
（參照P77-作法10.）

3. 於後身片的後中心處縫合褶襉
（參照P77-作法3.）

0.5cm

12. 縫合袖口
（參照P77-作法12.）

【裁布圖】〈西裝領外套〉

※由上往下為size 90/100/110/120/130/140

表布（亞麻布）

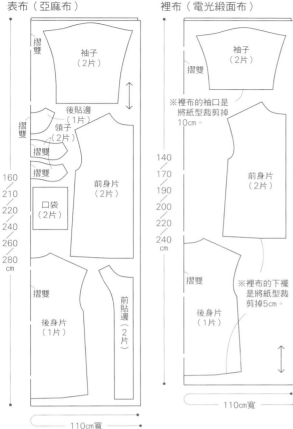

裡布（電光緞面布）

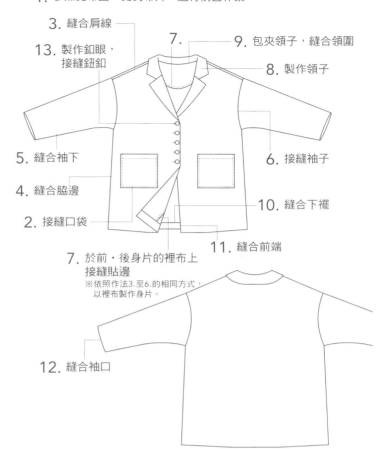

【縫製順序】〈西裝領外套〉

1. 參照裁布圖，裁剪布片，進行前置作業

3. 縫合肩線
13. 製作釦眼，接縫鈕釦
7.
9. 包夾領子，縫合領圍
8. 製作領子
5. 縫合袖下
6. 接縫袖子
4. 縫合脇邊
2. 接縫口袋
10. 縫合下襬
11. 縫合前端

7. 於前・後身片的裡布上接縫貼邊
※依照作法3.至6.的相同方式，以裡布製作身片。

12. 縫合袖口

【前置作業】 ※單位為cm。

・摺疊前・後貼邊的邊端。
・於口袋的脇邊・底部進行Z字形車縫。

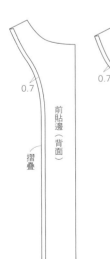

Z字形車縫

・整理〈無領外套〉口袋的圓弧

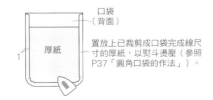

置放上已裁剪成口袋完成線尺寸的厚紙，以熨斗燙壓（參照P37「圓角口袋的作法」）。

【作法】〈西裝領外套〉 ※單位為cm。

2. 接縫口袋

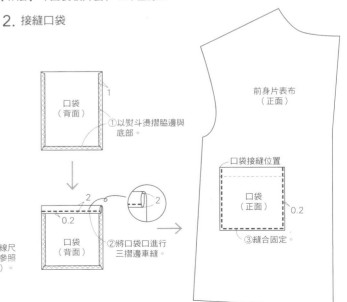

①以熨斗燙摺脇邊與底部。

②將口袋口進行三摺邊車縫。

前身片表布（正面）

口袋接縫位置

口袋（正面）

0.2

③縫合固定。

3. 縫合肩線　　4. 縫合脇邊

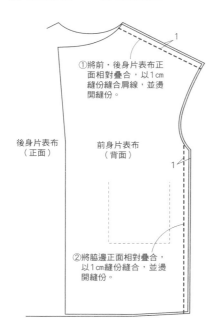

①將前・後身片表布正面相對疊合，以1cm縫份縫合肩線，並燙開縫份。

後身片表布（正面）

前身片表布（背面）

②將脇邊正面相對疊合，以1cm縫份縫合，並燙開縫份。

5. 縫合袖下

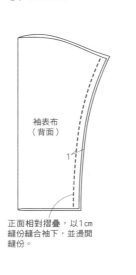

袖表布（背面）

正面相對摺疊，以1cm縫份縫合袖下，並燙開縫份。

6. 接縫袖子

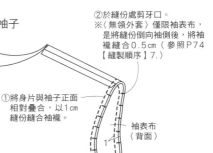

②於縫份處剪牙口。
※（無領外套）僅限袖表布，是將縫份倒向袖側後，將袖襬縫合0.5cm（參照P74【縫製順序】7.）

①將身片與袖子正面相對疊合，以1cm縫份縫合袖襬。

後身片表布（正面）

前身片表布（背面）

袖表布（背面）

7. 於前・後身片裡布上接縫貼邊

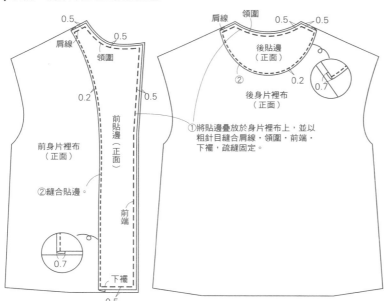

0.5　0.5
肩線
領圍
0.5
0.2　0.5
前身片裡布（正面）
前貼邊（正面）
②縫合貼邊。
前端
下襬
0.5
0.7

肩線
領圍
0.5　0.5
後貼邊（正面）
②
0.2
後身片裡布（正面）
0.7
①將貼邊疊放於身片裡布上，並以粗針目縫合肩線・領圍・前端・下襬，疏縫固定。

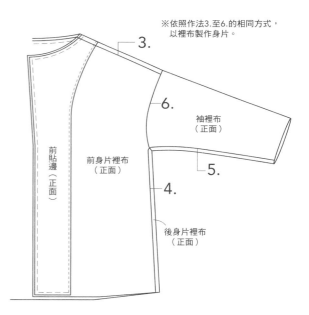

※依照作法3.至6.的相同方式，以裡布製作身片。

3.
6.
袖裡布（正面）
5.
4.
前貼邊（正面）
前身片裡布（正面）
後身片裡布（正面）

8. 製作領子

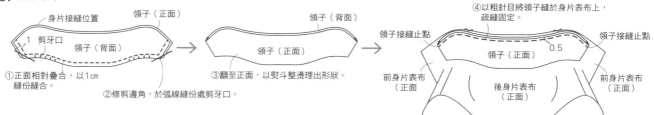

身片接縫位置
領子（正面）
1　剪牙口
領子（背面）
①正面相對疊合，以1cm縫份縫合。

領子（背面）
領子（正面）
③翻至正面，以熨斗整理燙出形狀。
②修剪邊角，於弧線縫份處剪牙口。

④以粗針目將領子縫於身片表布上，疏縫固定。
領子接縫止點
領子接縫止點
領子（正面）
0.5
前身片表布（正面）
後身片表布（正面）
前身片表布（正面）

9. 包夾領子，縫合領圍

10. 縫合下襬 **11.** 縫合前端 **12.** 縫合袖口

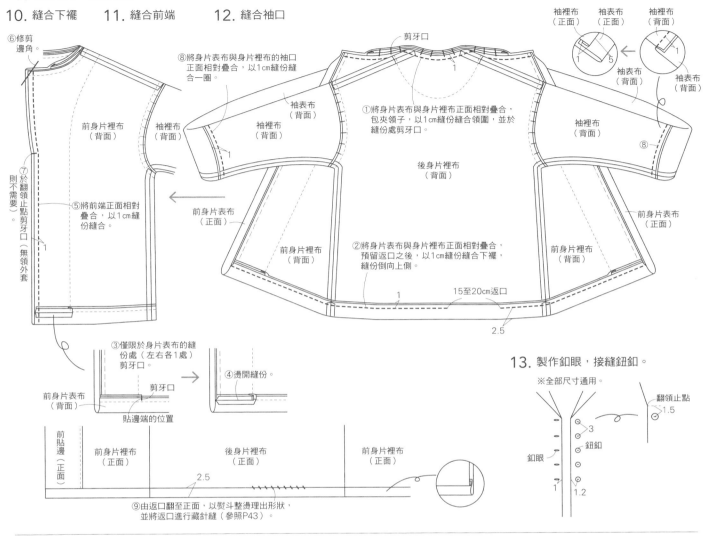

⑥修剪邊角。

袖裡布（正面）　袖表布（正面）　袖裡布（背面）

1　5　1

袖表布（背面）

剪牙口

1

⑧將身片表布與身片裡布的袖口正面相對疊合，以1cm縫份縫合一圈。

前身片裡布（背面）　袖裡布（背面）

袖表布（背面）　袖裡布（背面）

①將身片表布與身片裡布正面相對疊合，包夾領子，以1cm縫份縫合領圍，並於縫份處剪牙口。

後身片裡布（背面）

袖裡布（背面）

⑧

前身片表布（正面）

⑦於翻領止點剪牙口（無領外套則不需要）。

1

⑤將前端正面相對疊合，以1cm縫份縫合。

前身片表布（正面）

前身片裡布（背面）

②將身片表布與身片裡布正面相對疊合，預留返口之後，以1cm縫份縫合下襬，縫份倒向上側。

前身片裡布（背面）

1　15至20cm返口

2.5

③僅限於身片表布的縫份處（左右各1處）剪牙口。

前身片表布（背面）　剪牙口　④燙開縫份。

貼邊端的位置

前貼邊（正面）　前身片裡布（正面）　後身片裡布（正面）　前身片裡布（正面）

2.5

⑨由返口翻至正面，以熨斗整燙整理出形狀，並將返口進行藏針縫（參照P43）。

13. 製作釦眼，接縫鈕釦。

※全部尺寸通用。

翻領止點　1.5

3　鈕釦

釦眼

1　1.2

【作法】〈無領外套〉※單位為cm。※其餘請參照〈西裝領外套〉的作法。

2. 接縫口袋

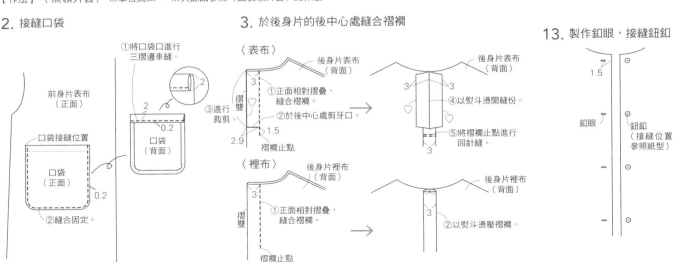

①將口袋口進行三摺邊車縫。

2

前身片表布（正面）

2　0.2

口袋（背面）

口袋接縫位置

口袋（正面）

0.2

②縫合固定。

3. 於後身片的後中心處縫合褶襉

〈表布〉

後身片表布（背面）

3　①正面相對摺疊，縫合褶襉。

摺雙

②於後中心處剪牙口。

2.9　1.5　褶襉止點

後身片表布（背面）

3　3

④以熨斗燙開縫份。

⑤將褶襉止點進行回針縫。

3

〈裡布〉

後身片裡布（背面）

3　①正面相對摺疊，縫合褶襉。

摺雙

褶襉止點

後身片裡布（背面）

3　②以熨斗燙壓褶襉。

13. 製作釦眼，接縫鈕釦

1.5

釦眼

鈕釦（接縫位置參照紙型）

P14　抓褶剪接罩衫

【 材料 】　※由左往右為size 90/100/110/120/130/140
・亞麻布（Standard Linen亞麻布KOF-01 BK）
　…寬140cm×130/130/140/150/170/180cm
・直徑0.6cm的子母釦（SUN12-85）…1組
・寬0.6cm的鬆緊帶…長15cm2條

【 原寸紙型 】
B面【10】
前身片、後身片、袖子、腰部褶襉飾邊

【 完成尺寸 】　※由左往右為size 90/100/110/120/130/140
胸圍＝81/84//88/92/96/100cm
衣長＝38.5/40.5/43.5/47.5/51.5/55.5cm

【 裁布圖 】
※由上往下為size 90/100/110/120/130/140
※領圍收邊用斜布條是直接於布片上畫線後進行裁剪。

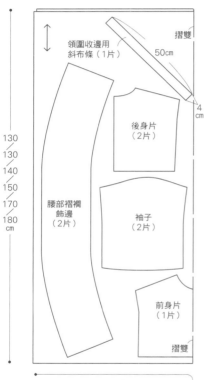

【 縫製順序 】

1. 參照裁布圖，裁剪布片，進行前置作業
2. 縫合肩線
3. 縫合身片的脇邊
12. 將領圍進行收邊處理
11. 接縫袖子
10. 製作袖子
6. 縫合腰部褶襉飾邊的脇邊
8. 抽拉細褶
9. 縫合身片與腰部褶襉飾邊

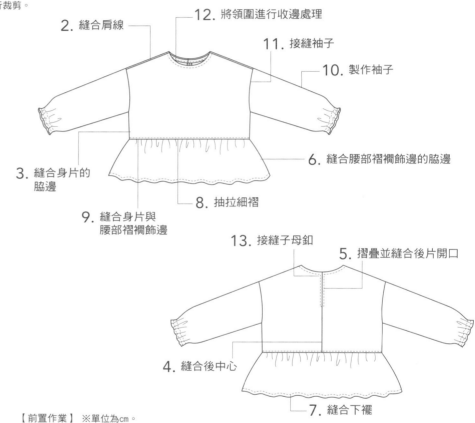

13. 接縫子母釦
5. 摺疊並縫合後片開口
4. 縫合後中心
7. 縫合下襬

【 前置作業 】　※單位為cm。
・於後身片的後中心・袖口處進行Z字形車縫。
・摺疊袖口。
・摺疊領圍收邊用斜布條。
・將腰部褶襉飾邊進行三摺邊。

後身片（背面）
Z字形車縫

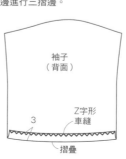

袖子（背面）
3
Z字形車縫
摺疊

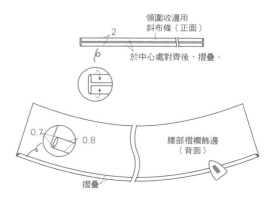

領圍收邊用斜布條（正面）
2
6
於中心處對齊後，摺疊。

0.7　0.8
腰部褶襉飾邊（背面）
摺疊

【作法】　※單位為cm。

2. 縫合肩線　　3. 縫合身片的脇邊

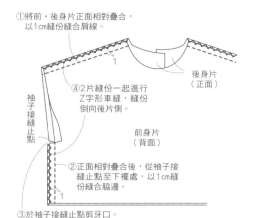

①將前・後身片正面相對疊合，
以1cm縫份縫合肩線。

④2片縫份一起進行
Z字形車縫，縫份
倒向後片側。

後身片
（正面）

袖子接縫止點

前身片
（背面）

②正面相對疊合後，從袖子接
縫止點至下襬處，以1cm縫
份縫合脇邊。

③於袖子接縫止點剪牙口。

4. 縫合後中心　　5. 摺疊並縫合後片開口

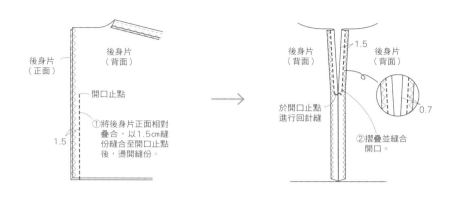

後身片
（正面）

後身片
（背面）

開口止點

①將後身片正面相對
疊合，以1.5cm縫
份縫合至開口止點
後，邊開縫份。

1.5

後身片
（背面）

後身片
（背面）

1.5

於開口止點
進行回針縫

0.7

②摺疊並縫合
開口。

6. 縫合腰部褶襉飾邊
　　的脇邊　　　7. 縫合下襬　　8. 抽拉細褶　　9. 縫合身片與腰部褶襉飾邊

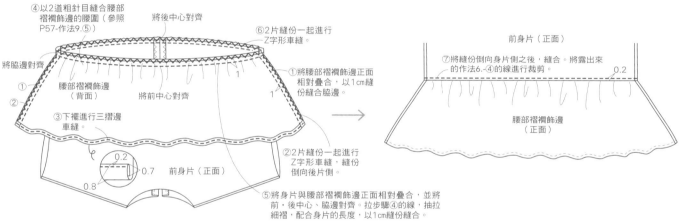

④以2道粗針目縫合腰部
褶襉飾邊的腰圍（參照
P57-作法9.⑤）

將後中心對齊

將脇邊對齊

腰部褶襉飾邊
（背面）

①
②

⑥2片縫份一起進行
Z字形車縫。

①將腰部褶襉飾邊正面
相對疊合，以1cm縫
份縫合脇邊。

將前中心對齊

1

1

③下襬進行三摺邊
車縫。

0.2
0.7
0.8

前身片（正面）

②2片縫份一起進行
Z字形車縫，縫份
倒向後片側。

⑤將身片與腰部褶襉飾邊正面相對疊合，並將
前・後中心、脇邊對齊。拉步驟④的線，抽拉
細褶，配合身片的長度，以1cm縫份縫合。

前身片（正面）

⑦將縫份倒向身片側之後，縫合。將露出來
的作法6.-④的線進行裁剪。

0.2

腰部褶襉飾邊
（正面）

10. 製作袖子

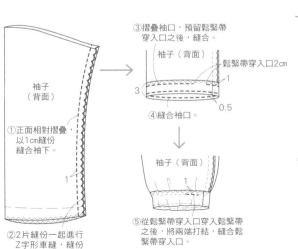

袖子
（背面）

①正面相對摺疊，
以1cm縫份
縫合袖下。

1

②2片縫份一起進行
Z字形車縫，縫份
倒向後片側。

③摺疊袖口，預留鬆緊帶
穿入口之後，縫合。

袖子（背面）

鬆緊帶穿入口2cm

1

3

0.5

④縫合袖口。

袖子（背面）

1

⑤從鬆緊帶穿入口穿入鬆緊帶
之後，將兩端打結，縫合鬆
緊帶穿入口。

11. 接縫袖子

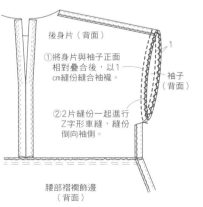

後身片（背面）

①將身片與袖子正面
相對疊合後，以1
cm縫份縫合袖襱。

1

袖子
（背面）

②2片縫份一起進行
Z字形車縫，縫份
倒向袖側。

腰部褶襉飾邊
（背面）

12. 將領圍進行收邊處理

※參照P57-作法11.。

13. 接縫子母釦

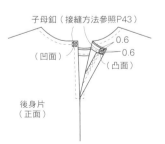

子母釦（接縫方法參照P43）

0.6
0.6

（凹面）
（凸面）

後身片
（正面）

國家圖書館出版品預行編目(CIP)資料

我家寶貝好有型！作一件男孩女孩都OK的手作童裝 / 高島まりえ著；彭小玲譯.
-- 初版. – 新北市：雅書堂文化, 2023.04
　面；　公分. -- (Sewing縫紉家; 48)
ISBN 978-986-302-667-9(平裝)

1.縫紉 2.童裝 3.手工藝

426.3　　　　　　　　　　　　　112002762

■ Sewing 縫紉家 48

我家寶貝好有型！
作一件男孩女孩都 OK 的手作童裝

作　　者／高島まりえ
譯　　者／彭小玲
發 行 人／詹慶和
執行編輯／劉蕙寧
編　　輯／蔡毓玲·黃璟安·陳姿伶
封面設計／韓欣恬
美術編輯／陳麗娜·周盈汝
內頁排版／韓欣恬
出 版 者／雅書堂文化事業有限公司
發 行 者／雅書堂文化事業有限公司
郵撥帳號／18225950
戶　　名／雅書堂文化事業有限公司
地　　址／新北市板橋區板新路206號3樓
電　　話／(02)8952-4078
傳　　真／(02)8952-4084
網　　址／www.elegantbooks.com.tw
電子郵件／elegant.books@msa.hinet.net

2023年04月初版一刷　定價 480 元

OTOKONOKO NIMO ONNANOKO NIMO NIAU FUKU（NV80659）
Copyright © Marie Takashima / NIHON VOGUE-SHA 2020
All rights reserved.
Photographer: Nao Shimizu, Miyuki Teraoka
Original Japanese edition published in Japan by NIHON VOGUE
Corp.
Traditional Chinese translation rights arranged with NIHON VOGUE
Corp.
through Keio Cultural Enterprise Co., Ltd.
Traditional Chinese edition copyright © 2023 by Elegant Books
Cultural Enterprise Co., Ltd.

經銷／易可數位行銷股份有限公司
地址／新北市新店區寶橋路235巷6弄3號5樓
電話／(02)8911-0825　傳真／(02)8911-0801

Profile

Takashima Marie

文化服裝學院畢業。曾從事有關舞台服裝、帽子、飾品等製作工作，2011年因長子出生的契機之下，而開始製作童裝。2013年開始創立codamari的品牌，進行銷售。以「一同隨著季節與成長，停留在回憶中的童裝」為理念，利用網路或展覽、手紙社GOODMEETING等，參與各種宣傳與行銷。目前是育有長子與一對男女雙胞胎的3寶媽媽。

📷 codamari
blog：https://codamari.blogspot.com/

Model

Sara Ovadia（身高94㎝）
Lily Takeuchi（身高95㎝）
Rio Hennessy（身高98㎝）
Haru Dawson（身高117㎝）
Yuna Allot（身高122㎝）
Max Brownell（身高128㎝）
Rachel Fiske（身高130㎝）
P34
Souta（身高100㎝）
Hazuki（身高100㎝）
Futa（身高135㎝）
Konomi（身高135㎝）

◎本書使用的布料、副材料
P14·P20的布料、所有的塑膠四合釦·子母釦
／清原株式會社
https://www.kiyohara.co.jp/store

Staff

書籍設計	葉田いづみ
攝影	清水奈緒（P1〜33）、
	寺岡みゆき（P35〜40）
造型師	髙島まりえ
髮妝師	上川タカエ
原稿整理	吉田晶子
作法·紙型製圖	八文字則子
繪圖	有限會社SERIO
校閱	片山優子
責任編輯	代田泰子

男孩女孩
都OK！

我家寶貝
好有型！

男孩女孩
都OK！

我家寶貝
好有型！